碳及其复合耐火材料

陈　龙　陈树江　王诚训　编著

北　京
冶 金 工 业 出 版 社
2014

内 容 简 介

本书介绍了碳（石墨）的相关知识，回顾了碳/石墨砖（炭块）的制造、应用情况，详细阐述了含碳复合耐火材料的组方设计、原料选择、产品制造、材料性能和应用技术等问题，并对高炉用碳/石墨砖的损毁作了简单分析，对SiC相关问题、SiC及其复合耐火材料进行了较全面的阐述。

本书可供广大从事碳/石墨耐火材料和SiC及复合耐火材料研究、开发、制造和应用的科技工作者及相关大专院校师生参考使用。

图书在版编目(CIP)数据

碳及其复合耐火材料/陈龙，陈树江，王诚训编著．—北京：冶金工业出版社，2014.6

ISBN 978-7-5024-6548-3

Ⅰ.①碳…　Ⅱ.①陈…　②陈…　③王…　Ⅲ.①碳质耐火材料　Ⅳ.①TQ175.71

中国版本图书馆CIP数据核字(2014)第107292号

出 版 人　谭学余
地　　址　北京北河沿大街嵩祝院北巷39号，邮编100009
电　　话　(010)64027926　电子信箱　yjcbs@cnmip.com.cn
责任编辑　于昕蕾　美术编辑　吕欣童　版式设计　孙跃红
责任校对　李　娜　责任印制　李玉山
ISBN 978-7-5024-6548-3
冶金工业出版社出版发行；各地新华书店经销；三河市双峰印刷装订有限公司印刷
2014年6月第1版，2014年6月第1次印刷
148mm×210mm；6.75印张；198千字；205页
29.00元

冶金工业出版社投稿电话：(010)64027932　投稿信箱：tougao@cnmip.com.cn
冶金工业出版社发行部　电话：(010)64044283　传真：(010)64027893
冶金书店　地址：北京东四西大街46号(100010)　电话：(010)65289081(兼传真)

前　言

碳元素（单质碳）有三种晶型（金刚石、石墨和咔宾）以及一种无定形碳（微晶碳）。其中，石墨和无定形碳是制造碳/石墨耐火材料的原料。

林彬荫等人指出，推荐石墨作为耐火材料原料的理由是：(1) 耐热性好（不熔融）；(2) 不易与其他无机材料和熔融金属反应，而且难以润湿；(3) 热导率大；(4) 线膨胀系数小，抗热冲击性强。

然而，石墨结构的各向异性导致其许多性质也具有各向异性，这会对碳/石墨耐火材料性能带来不利影响，但石墨微晶随意阵列的石墨化合物的各向异性会降低。这样，含有无定形碳和具有良好晶体结构石墨化合物就能用于制造碳/石墨砖（炭块）。

大量使用的碳/石墨砖有三种类型：无定形碳砖，部分石墨或半石墨砖，石墨砖。后来又发展了在前两种类型碳或者石墨砖的基础上加入添加剂来提高性能的被命名为“微孔炭砖”和“超微孔炭砖”，它们都属于高技术水平的碳/石墨砖（炭块）范畴。

为了某种应用，碳/石墨也被与其他耐火材料（单一或复合耐火材料）混合使用以形成一种合适的碳复合耐火材料。碳复合耐火材料包括氧化物－碳系耐火材料（碱性氧化物含碳耐火材料和非碱性氧化物含碳耐火材料）、非氧化物－碳系耐火材料、氧化物－非氧化物－碳质耐火材料等许多类型的复合耐火材料。可以说，碳几乎能同所有的耐火材料复合构成性能各异、能满足不同使用条件的复合耐火材料系列。可见，碳/石墨耐火材料和所有的含碳复合耐火材料是实用耐火材料大家族中一种非常重要类型的耐火材料。

第一次使用氧化物和碳的复合耐火材料是在15世纪初所制造的碳－氧化物坩埚。炼钢工业用碳－氧化物系复合耐火材料的例子则是很早作为铸锭用耐火材料的石墨塞头砖。后来，随着连铸的推广应用，广泛使用的滑板、水口砖、浸入式水口砖等也都是由氧化物（主要是 Al_2O_3）和碳复合而成的耐火材料。炼钢炉大量使用碳复合耐火材料是1970年MgO－C砖在转炉上试验成功之后，随之便迅速普及。它们是从先前焦油沥青结合白云石砖和焦油沥青结合MgO－CaO砖发展起来的。其特征是熔渣难以渗入砖的结构中，而且还具有抗渣性强、耐热震性好的优点，从而大大提高炉子的寿命。随之，许多氧化物－C质复合耐火材料便被开发出来，并被迅速推广应用。

在单一或复合耐火材料中配置碳组分的重要性是使熔渣向耐火材料内部的渗透深度减小，从而使耐火材料的损坏减轻。另外，向耐火材料中配置碳组分所构成的复合耐火材料还可提高其热导率并降低热膨胀，从而改善它们的抗热震性能。

含碳复合耐火材料有效应用和利用的决定性因素是碳的烧毁速度。因为碳烧毁后会导致材料结合变弱，组织破坏，因此碳/石墨耐火材料和含碳复合耐火材料能够并且应该应用于还原气氛中，也就是 O_2 分压低的高温窑炉中，如高炉、转炉、电炉、化铁炉以及有色金属熔炼炉等使用。为了降低碳的烧毁速度，需要向含碳复合耐火材料的配料中添加抗氧化剂（金属、合金或者非金属等），以提高它们的抗氧化性能。

上述耐火材料（碳复合耐火材料）的原料组成特征是：不管其碳含量多少都是采用单质碳（石墨、无定形碳）作为碳源。不过，含碳耐火材料也可以用碳化物作为碳源。

现阶段，已有SiC、B_4C、TiC、ZrC、Cr_3C_2、W_2C、Al_4SiC_4、Al_4O_4C 等碳化物用于耐火材料。但是，除了SiC之外，由于廉价碳化物的合成工艺尚未开发出来，因而它们都难以成为耐火材料的重要组分。

1891年E. G. Acheson发现用电炉可以生产SiC，从而为生产耐火材料提供了优质、廉价的SiC原料，随之，SiC耐火材料的生产工艺也就被确立了。

全由单一 SiC 构成的非氧化物耐火材料仅有三类：再结晶 SiC 耐火材料（RSiC）、β－SiC 结合的 SiC 耐火材料和 α－SiC 结合的 SiC 耐火材料（SSiC）。这三类 SiC 耐火材料的共同点是其结合相都是 SiC，因此它们又称自结合 SiC 耐火材料。

大量的 SiC 耐火材料的结合相则采用非 SiC 材料（即氧化物、非氧化物和氧氮化物等）。因此，SiC 耐火材料按 SiC 颗粒之间结合相的不同又分为：（1）氧化物（包括 SiO_2、黏土、莫来石、氧化铝等）结合的 SiC 耐火材料；（2）氮化硅（Si_3N_4）结合的 SiC 耐火材料（N－SiC）；（3）氧氮化硅（Si_2N_2O）结合的 SiC 耐火材料；（4）Sialon 结合的 SiC 耐火材料；（5）Al_4SiC_4 结合的 SiC 耐火材料等。其中，以 Al_4SiC_4 结合的 SiC 耐火材料的使用温度最高，可达 1600～1700℃以上。

除了碱性氧化物之外，SiC 也能同其他所有耐火氧化物材料混合生产含 SiC 的复合耐火材料。如果确实需要 SiC 同碱性氧化物搭配制造复合碱性耐火材料时，则需要同时配入 C，并添加抗氧化剂（以确保 C 在高温使用的环境中不被烧掉），制成碱性氧化物－SiC－C 耐火材料。

本书以碳（C）为主线，依次介绍碳/石墨砖（炭块）及其应用，硅碳（SiC）的特性和用途，SiC 耐火材料以及含 SiC 复合耐火材料的配料原则、制造技术、材料性能，并简要说明了应用情况。

在本书编写过程中，参阅了全国有关耐火材料学术会议资料和耐火材料方面的报刊，特向有关作者致谢。张义先为本书做了大量的整理工作，同时承蒙孙宇飞、王雪梅、孙菊、孙纬明、吴东明、吴东锋等同行至交的支持和鼓励。在此，谨向他们表示诚挚的感谢。

本书力求简明实用。但倘有不足之处，敬请读者不吝赐教。

作　者

2014 年 2 月

目　录

1 碳的结构和性能

在热工设备应用的实用耐火材料家族中，全由单一元素组成的耐火材料只有碳元素（单质碳）。而且，碳/石墨几乎能与所有的耐火氧化物和耐火非氧化物搭配使用形成合适的复合耐火材料以适应某种应用。因此，按化学成分分类，碳/石墨质耐火材料及其复合耐火材料是一种重要类型的耐火材料。下面将就碳/石墨及其相关问题、碳/石墨质耐火材料和含碳/石墨的复合耐火材料以及有关的问题进行讨论和说明。

1.1 碳的种类和碳系相图

碳的原子序数为6，相对原子质量为12.011。在自然界中，碳的组成中含98.89% ^{12}C 和1.1% ^{13}C。在自然界中，碳元素以钻石、石墨的形式被发现。元素碳（单质碳）的种类不多，有晶型碳［金刚石、石墨和咔宾（Carbin）］、过渡态碳和一种无定形碳（表1-1）。碳有四种同素异形体，如图1-1所示。

表1-1 碳的种类

种类		键型	晶系	密度/g·cm^{-3}	晶格常数/nm
晶型碳	金刚石	sp^3 4个σ键	立方	3.51	$a_0=0.35667$
	石墨	sp^2 3个σ键	六方	2.265	$a_0=0.24612$ $c_0=0.6708$
		1个π键	菱面	2.29	$a_0=0.24612$ $c_0=0.10062$
	咔宾	sp 2个σ键	六方（α）	2.68	$a_0=0.872$ $c_0=1.536$
		2个π键	六方（β）	3.13	$a_0=0.872$ $c_0=0.768$

续表 1－1

种类		键型	晶系	密度/g·cm^{-3}	晶格常数/nm
过渡态碳	易石墨化碳	煤、石油沥青、聚氯乙烯、蒽等			
	难石墨化碳	酚醛和呋喃树脂、玻璃碳			
无定形碳		微晶小，无取向，各向同性，如炭黑、木炭、活性炭等			

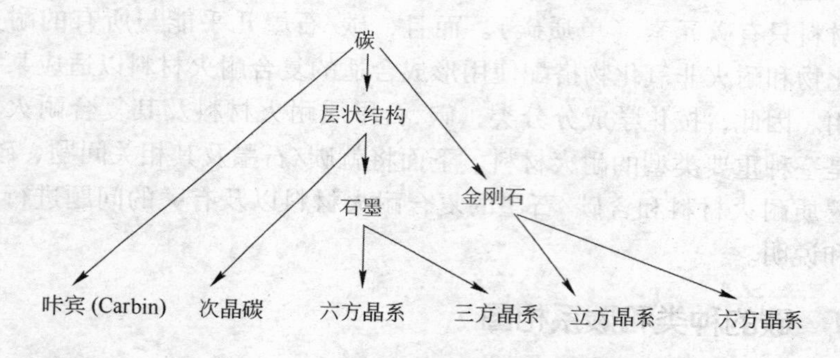

图 1－1 碳元素的同素异形体

无定形碳一般多指炭黑、木炭和活性炭等。其实，无定形碳属于微晶碳，其微晶非常小，排列杂乱无章，呈现出各向同性。

在无定形碳和晶形碳之间存在大量的过渡态碳。它们是由无定形碳向晶形碳过渡的中间产物，其结构属于乱层石墨结构，微晶不超过60nm，随着温度逐渐升高，乱层结构逐渐向石墨结构转化。这个转化过程是使原子排列有序化的过程，称为石墨化。晶形碳中咔宾呈白色或银灰色的针状晶体，属六方晶系。

图 1－2 示出了碳的一部分相图，它表明三相共存点 T_2 为 1.2×10^{10}Pa，T_1 为 (126±15) atm❶，熔点为 (4020±50) K。通常认为金刚石是高压稳定相，石墨是低压稳定相。咔宾在自然界中与陨石似乎是与熔融形态的石墨共存，它的稳定相是图中的液相。石墨达到高温时，在常压下不能熔融而只能升华，其蒸气压在 4100℃时达到

❶ 1atm＝101325Pa。

760mmHg❶（见表1－2）。因此，虽然在常压下热处理含碳物质的最终产物是石墨，但最终能否是石墨，则取决于母体有机物的炭化过程。

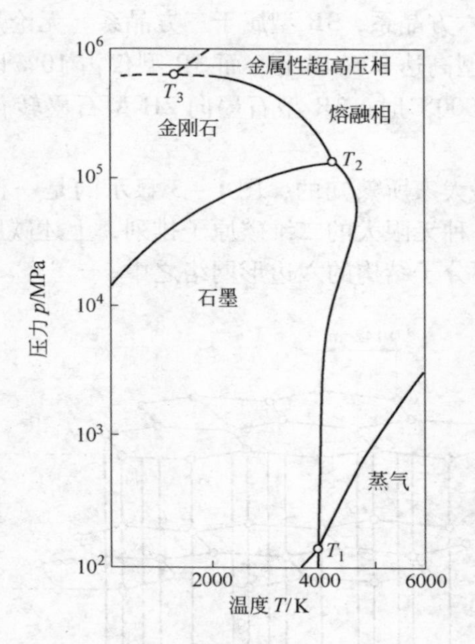

图1－2 碳的部分相图

表1－2 碳的蒸气压

温度/℃	蒸气压/mmHg
2000	6.0×10^{-6}
2250	2.1×10^{-4}
2500	3.8×10^{-3}
2750	5.2×10^{-2}
4100	760

❶ 1mmHg＝133.3224Pa。

1.2 石墨结构及其特性

石墨（C）是三种晶型碳之一，它在自然界有2H和3R两种晶型，2H型属于六方晶系，3R型属于三方晶系。无论是天然石墨还是人造石墨，2H型高达80%以上，而3R型仅占10%以上。当加热温度达到2000～3000℃时，3R型石墨向2H型石墨转化，使体系处于稳定状态。

石墨结构是大家所熟知的，图1－3显示的是一种平面结构。这种平面结构是一种无限大的二维碳原子排列，上述碳原子位于一个巨大的、类似苯环分子结构的六边形网络之中。

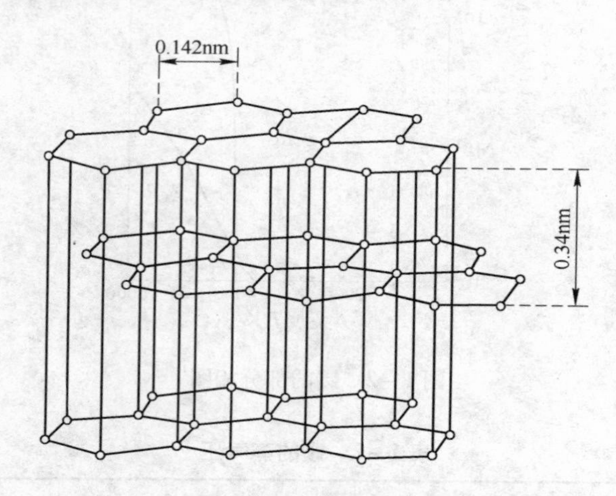

图1－3　石墨晶体结构

石墨是多键型晶体，层内碳原子之间的距离为0.142nm，主要以共价键结合，层平面内的平均键强为627.6kJ/mol；而层间距离较大（0.405nm），以弱的范德华力相连，其结合较弱，层间的平均键强仅为54.4kJ/mol，两者相差很大。

未完全转化的石墨在一定的温度条件下会转化为接近理想的石墨。通常，用 G（石墨化度）来表示其晶体结构接近理想石墨晶格尺寸的程度。根据富兰克林确定的完全未石墨化碳的晶格间距为0.344nm，理想石墨晶格间距为0.3354nm，则：

$$G=(0.344-d_{002})/(0.344-0.3354) \qquad (1-1)$$

式中，d_{002}为被测样品的层面间距。

表1－3列出了一些石墨样品的晶格常数和石墨化度。表中数据表明：石墨样品的G都低于100%，说明它们或多或少存在着缺陷。事实上，石墨化度越低，石墨晶体结构中的缺陷就越多。这些缺陷可分为层面堆积缺陷、六角环形网格上的缺陷和晶格位错等。六角环形网格上的缺陷又分为：一是在六角环形网格的边缘上有些碳原子有空着的原子价可能与H、OH、O等原子团结合（图1－4）；二是空位缺陷（图1－4斜线部位），它们（缺陷区域的碳原子）具有比其他有序排列的碳原子更高的化学活性。

表1－3 若干种石墨试样的晶格常数和石墨化度

试样类别		d_{002}/nm	G/%
天然石墨制品	1	0.3360	93
	2	0.3360	93
	3	0.3360	93
	4	0.3382	67
人造石墨制品	1	0.3375	76
	2	0.3382	76
	3	0.3389	58
	4	0.3389	58

石墨具有一系列极为重要的性质：

（1）石墨的熔点极高，在真空中为3850℃，是目前已知的最耐高温的耐火材料之一。在7000℃的超高温电弧下加热10s，其质量损失仅为0.8%，在一般的耐高温材料中，石墨的损失量是最小的。石墨在2100℃以下不产生塑性流变，但在低压条件下升华，其升华温度为2200℃。

（2）石墨是那些强度随温度升高而增大的少数材料之一，如图1－5所示。

图1－5表明：当温度上升到2400～2500℃，其抗拉强度增大非常明显。石墨（C）在常温下的抗拉强度为5～10MPa，弯曲强度为

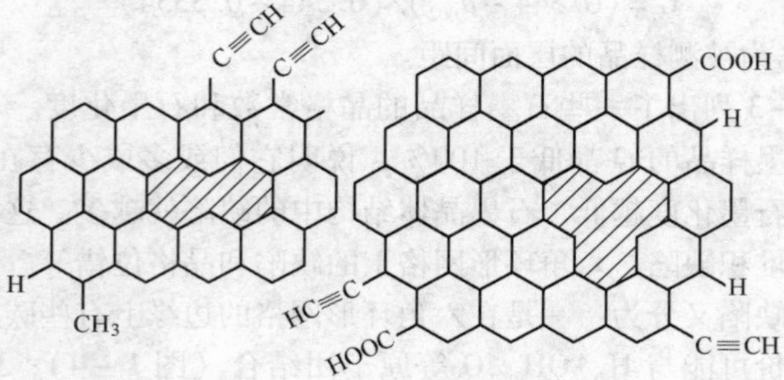

图 1－4 六角环形网格中的边缘缺陷和空位缺陷

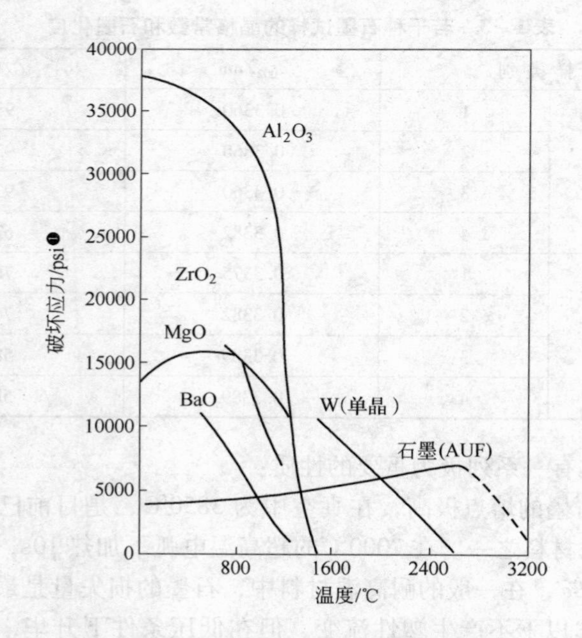

图 1－5 高温材料抗拉强度和温度的关系

10～40MPa，耐压强度为 20～60MPa。在约 2400℃时，其强度值与常温相比增加 50%～100%，超过这一温度时，石墨的强度便急剧下降。

❶ 1psi＝0.006895MPa。

与耐火氧化物比较，在1600～1700℃以上时，石墨是强度最高的材料。石墨的弹性模量较小，仅为88259.85×10^5Pa。

（3）石墨是导热和导电性都良好的材料，但其导热系数却随温度升高而降低，在1000℃时导热系数为230kJ/(m·h·℃)。石墨的线膨胀系数较小：0～400℃时为1×10^{-6}～1.5×10^{-6}℃$^{-1}$，20～400℃时为1.4×10^{-6}℃$^{-1}$，25～1600℃时也只有3.34×10^{-6}℃$^{-1}$。

（4）由于在石墨结构中，平面中的C—C结合（共价键结合）作用很强，而平面间的结合力（范德华力）微弱，所以石墨为层状结构，并且石墨化时微晶排列导致石墨会出现鳞片剥落或微晶择优取向，从而导致其平面结构产生各向异性。结果则导致其许多性质也具有各向异性，如表1－4所示。表中数据表明：垂直于平面方向的线膨胀是平行于平面方向线膨胀的200倍，垂直于平面方向的热导率是平行于平面方向热导率的200倍，垂直于平面方向的耐压性比平行于平面方向的耐压性大10^4～10^5倍。

表1－4　石墨的各向异性

项　目	*a*方向	*c*方向
*E*模数/MPa	1.035	0.036
导热系数/kJ·(m·h·℃)$^{-1}$	585.7～1464.4	3.3～251
线膨胀系数/℃$^{-1}$	－1.5×10^{-6}	＋28.6×10^{-6}
电阻率/Ω·cm	4×10^{-6}～5×10^{-6}	500×10^{-6}

（5）石墨是多键型晶体，其结构中的平面层内碳原子的配位数仅为3，尚多一个自由电子（碳的最外层有4个电子k^2l^4）能比较自由地平行于层内运动，赋予石墨导电性，其导电性比一般非金属材料高100倍。

（6）石墨具有氧化性，易被氧化成CO_2和CO。因此，在高氧环境中使用时，会导致石墨材料烧损。

如众所周知，在一个仅有氧和过量碳组成的系统里（由碳氧化为CO_2和CO）的反应为：

$$C(s)+O_2(g)=\!=\!=CO_2(g) \quad (1-2)$$

$$2C(s)+O_2(g)=\!=\!=2CO(g) \quad (1-3)$$

由式（1－2）和式（1－3）可得到布杜阿德（Boudouard）反应：

$$2CO(g) = C(s) + CO_2(g) \tag{1-4}$$

在1500～2000K的温度范围内，CO_2 和 CO 的标准生成自由能可用以下关系表示：

$$\Delta G^{\ominus}_{(1-2)} = -94.755 + 0.02T \tag{1-5}$$

$$\Delta G^{\ominus}_{(1-3)} = -28.200 - 20.25T \tag{1-6}$$

$$\Delta G^{\ominus}_{(1-4)} = -38.355 + 40.34T \tag{1-7}$$

将式（1－7）对温度求解得：

$$T = 680℃ \tag{1-8}$$

可知在680℃时（每一摩尔氧的）CO_2 和 CO 的标准生成自由能相等。这说明：在低温下，与固体碳平衡的气体里，CO_2 是主要组分，而在较高的温度下，CO 是主要组分。

此外，石墨在常温下化学性能稳定，不易与其他无机材料（包括强酸和强碱）和有机溶剂以及熔融金属产生反应侵蚀，而且其表面张力很小，润湿性也小；与耐火氧化物（如 MgO 和 CaO）无共熔关系，在高温中的耐火性方面是很好的成分系统；同时还具有高度润滑性和可塑性；在50psi荷重下，至少到1600℃时没有观察到蠕变和塑性变形，只有在2300℃以上，在50psi荷重下才开始显示出少许塑性流动以及具有天然的疏水性等特点，从而为其应用提供了更多的空间。

1.3 石墨的用途

正如上面所述，由于石墨兼具多种优异性能，所以其应用范围非常广泛。石墨及其制品是冶金、机械、石化、核工业和尖端技术部门不可缺少的耐火、导电、耐蚀、润滑、密封和结构材料。现简述如下：

（1）耐火材料。碳/石墨由于具有对熔渣不润湿等一系列特性，故可构成单一碳/石墨质耐火材料、熔炉衬砖、石墨坩埚用具、舟皿等以及同氧化物和非氧化物构成数量众多的碳复合耐火材料等。石墨作为耐火材料原料的理由是：

1）耐热性好（不熔融）；

2）不易与其他无机材料和熔融金属反应，而且难以润湿；

3）热导率大；

4）线膨胀系数小，抗热冲击性强。

（2）炼钢工业中的保护渣、增碳剂，连铸中的浇铸粉等。

（3）导电材料。利用石墨的导电性和耐磨性，广泛用作电极、电刷、电棒、电管、阳极板和石墨垫圈等。

（4）耐蚀材料。利用石墨具有良好的化学稳定性，将石墨用于制造热交换器、反应槽、凝缩塔、燃烧塔、吸尘塔、冷却塔、过滤器和泵设备等。

（5）耐磨及润滑材料。用作机械工业中的耐磨材料和润滑剂，金属加工（拉丝和拉管）时的良好润滑剂（石墨乳）。

（6）用作铸造翻砂压模。还可用于玻璃器皿的铸模、黑色冶金的铸造和粉末冶金的压模。

（7）石墨是建造核反应堆的重要结构材料之一，作为屏蔽和反射材料，还可作为中子减速剂。在国防工业中，石墨作固体燃料使用。

（8）其他用途。石墨可作为密封材料、催化剂和铅笔芯等。

1.4 天然石墨的生产

按工业用途分，天然石墨分为鳞片状石墨、脉状石墨和土状石墨三大类。

鳞片状石墨为扁平的片状微晶，呈层状分散于区域变质的高硅、含云母石英岩、片麻岩和大理岩中。由于生成的原因各异，微粒尺寸变化甚大。鳞片状石墨矿石的价值与其中的碳含量和鳞片尺寸密均相关。一般说来，鳞片尺寸越大，纯度越高，价格就越贵。

脉状石墨（高结晶石墨）分布在火成岩或变质岩的节理裂隙处或横向孔穴中，其典型形态是块状，也有呈细粒或碎片状，所以粒度尺寸出入大。脉状石墨（高结晶石墨）含有多种杂质（矿物），如长石、石英、云母、锆英石、金红石、磷灰石和褐铁矿等。脉状石墨矿床宽度范围甚广，为几毫米至2m，密度高、结晶大而且具有高韧性。

通常认为脉状石墨矿床是由石油矿在一定的时间、温度和压力条件下形成的。

土状石墨是由煤层或高碳矿床在极高压力和中等温度下变质而形成的。其质地软，发黑，且呈泥土状。土状石墨属于“显微晶质石墨”或称“隐晶质石墨”。

在天然石墨中，晶质石墨均用露天法开采，隐晶质石墨则实行地下开采。

石墨矿的选矿工艺不完全相同，不同的矿石采用不相同的选矿工艺进行选矿提纯。但鳞片状石墨的天然可浮性好，所以浮选法成为石墨的标准选矿工艺。浮选设备由一系列粗选、精选和扫选设备组成，并使用煤油和松节油等作为浮选药剂。浮选以后，通过摇床，生产出高纯石墨。例如，南墅石墨矿的浮选工艺为：一次磨矿、一次粗选、一次扫选、四次再磨、五次精选和中矿单独再选，获得碳含量85% ~ 99%的石墨。浮选起泡剂选用2号浮选剂，由波草油、樟脑油和椰子油组成，其用量为0.1 ~1kg/t；捕集剂则选用煤油和A重油，用量为0.1 ~0.5kg/t。

2 碳质和石墨耐火材料

在工业耐火材料家族中，全由单一元素构成的耐火材料（也称碳/石墨耐火材料），只有碳元素。天然的和人造的石墨都是制造碳质耐火砖（简称炭砖或炭块）和碳质不定形耐火材料的重要原料。由于碳质和石墨耐火材料全由单一碳元素构成，所以可通过石墨晶体结构来区分。不过，这类耐火材料中的碳往往没有边界良好的结晶体结构（一般为无定形的）。在这种情况下，便可根据其石墨化程度（依赖热处理温度）进行区分。

碳质和石墨耐火材料的性质，如气孔尺寸分布、低气孔率、低线膨胀率、1600℃线变化（PLC）为0以及强度大，而且材料强度随温度升高而增加的性质是令人感兴趣的重要性能。

碳质和石墨耐火材料的性能，决定它们应当在还原性气氛中应用。

2.1 碳和石墨耐火材料的发展及应用

碳和石墨能够构成耐火材料或者作为耐火材料的重要原料主要是基于它们的如下性质：

（1）石墨的耐热性高，最高温度可达3850℃，石墨在超高温电弧中，其质量损失小。

（2）石墨的化学稳定性高，不易与其他无机材料和熔融金属反应，而且难以被氧化物熔渣所润湿，抗浸透能力强。

（3）石墨的热导率大，但随温度升高而降低，甚至在极高温度下，处于绝热状态。

（4）石墨具有各向异性结构，而且线膨胀系数小，因而抗热震性好。

碳和石墨耐火材料很早就在炼铁高炉上使用，并随着炼铁高炉的发展而不断发展。例如，德国在1920年就开始在高炉上使用炭砖，随后（20 世纪 40 ~ 50 年代）各国在高炉上都竞相使用炭砖。现在，世界上的大型高炉从炉底、炉缸到炉腹等部位都使用炭砖（炭块）砌筑，有的高炉一直砌到炉身，甚至出铁口。随着水冷炉壁的采用，高炉料钟内部也采用炭砖砌筑。

早期的炭砖主要使用冶金焦炭作为主原料，用沥青作结合剂，采用挤压成型生产。但这种炭砖在使用中往往会发生局部异常侵蚀现象。为此，则将冶金焦炭改为具有耐铁水侵蚀性好的焙烧无烟煤焦而提高了使用性能，如表 2 – 1 所示。它表明，熔解量按焙烧无烟煤焦 < 天然隐晶质石墨 < 人造石墨 < 沥青焦的顺序增大。不过，焙烧无烟煤焦虽然具有耐铁水侵蚀性好的优点，但由于灰分多，存在抗碱性差的缺点。为了克服焙烧无烟煤焦存在的这一缺点，则同时采用了人造石墨。

表 2 – 1　在 1550℃铁水中浸渍 5h 的碳的耐蚀性

炭砖主要原料	侵蚀指数
无烟煤焦	100
无定形石墨	225
人造石墨	438
沥青焦	713

为了降低铁水渗入气孔中导致炭砖的损毁，对炭砖进行了各种改进：

（1）为了提高耐铁水的侵蚀性，配料中添加了氧化铝。

（2）为了减小气孔径，配料中添加了金属硅，在烧成时反应生成晶须，使气孔微细化，而防止了铁水的侵入（渗入）。

（3）为了提高冷却效果，增加了石墨配入比率。

（4）将结合剂由沥青改为树脂，提高了高温强度。

（5）通过添加 SiC，使气孔微细化，防止了铁水的侵入。

（6）在炉底，为了提高冷却效果，在炉外侧采用了热导率高的石墨砖和 C – SiC 砖。

碳和石墨耐火材料最大的用户是冶金工业，主要用于高炉（高炉用碳和石墨耐火材料）、铁合金、金属精炼（包括电炉和化铁炉）

等的内衬耐火材料。其中，高炉使用量超过70%（日本达75%）。在炼钢电炉中，苛刻部位使用人造石墨砖有延长寿命的效果。另外，炭砖在生产磷、溶性磷肥时用作电炉内衬耐火材质。碳/石墨耐火制品的典型用途列于表2-2中。

表2-2 碳/石墨耐火材料的典型应用

工业		设备	部位	材料
炼铁		高炉	炉缸	炭砖、石墨
			炉腹	碳/石墨砖、石墨材料
			炉身（下部）	炭砖
			铁水沟/流渣沟	炭砖石墨耐火材料
		化铁炉	炉缸、炉身、出铁口、出渣槽、撇渣器	炭砖
铁合金		炉子、Fe-Si、Fe-Cr、Fe-Mo	炉膛、墙	炭砖、石墨
炼钢		电弧炉	电极	石墨
		坩埚熔融	坩埚	石墨耐火材料
		铸锭	水口、塞头	石墨耐火材料
		压力浇铸	模具	石墨
有色冶金	铝	（精炼）熔炉	阳极、阴极、侧墙	石油焦炭
	铅和锌	冶炼炉	炉膛	无定形炭
	一般的	熔融	坩埚	石墨耐火材料
玻璃		浮法（玻璃）炉	平板限制器	石墨
化学		磷还原炉（电弧）	炉膛、侧墙	无定形炭（如无烟煤）
		碳化钙电弧炉	炉膛、侧墙	无定形炭（如无烟煤）
原子能		反应堆	减速剂、燃料容器	石墨

广泛使用的碳质和石墨耐火材料是无定形炭砖、部分石墨或半石墨炭砖、石墨砖。同时，石墨坩埚和炭素不定形耐火材料也被大量使用。

此外，碳质和石墨耐火材料也用作有色金属熔炼炉内衬的耐火材料。例如，铝电解槽内衬等就大量使用了碳质和石墨耐火材料。

通常，铝电解槽为矩形钢壳，内衬砌筑炭砖。电解槽中悬有一碳阳极，其碳质槽底为阴极。

对于铝电解槽阴极材料来说，需要具有良好的导电性，并能在高温（900~1000℃）下抗冰晶石、NaF和铝液的侵蚀。因此，铝电解槽阴极一般选用碳质材料。

由于铝电解槽槽底碳质材料的破坏主要是Na的渗入，其次是冰晶石的侵蚀（通过下述反应完成）：

$$3NaF \cdot AlF_3 + Al = 3Na + 4AlF_3 \quad (2-1)$$

现在已经确认，Na的渗透随着碳阴极石墨化程度的提高而减少，所以铝电解槽阴极材料正在由原来的无定形炭砖向半-石墨化砖或者石墨化炭砖的方向发展。同时在碳阴极表面涂一层与铝液润湿性好而又不熔或难熔于铝液和冰晶石、导电性好的涂层（例如TiB_2或者含TiB_2粉的涂层）。

由于氧从碳阳极上析出，所以碳阳极氧化很快，损耗很大。为了使生产能连续进行，需要不断向自焙阳极顶部加入阳极糊（由沥青焦或石油焦与煤沥青组成），靠直流电通过阳极导电和极间产生的热焙烧完成。除自焙烧阳极外，还发展了预焙阳极工艺。

过去，铝电解槽侧墙一直沿用炭砖。但由于侧墙炭砖损坏，降低了铝电解槽的使用寿命，影响了其正常操作的进行。为了不使侧墙炭砖氧化损坏，便选用SiC质耐火材料（砖）砌筑侧墙，其中包括高铝或者氧化铝结合SiC质耐火材料、氮化硅结合SiC质耐火材料、Si_2N_2O结合SiC质耐火材料、Sialon结合SiC质耐火材料和自结合SiC质耐火材料。SiC不会与Na_3AlF_6、AlF_3、NaF或CaF_2反应。其中，氮化硅结合SiC质耐火材料抗冰晶石侵蚀的能力高、抗氧化性好、强度高、电阻大，这不仅可延长电解槽的寿命，减少漏电，还可以大大减少侧墙内衬厚度，扩大电解槽的容积。

2.2 碳和石墨耐火材料的种类及特征

碳和石墨耐火材料可以粗略地分为以下几种类型：

（1）碳质耐火材料（炭砖）。碳质耐火材料（炭砖）以热炼无烟煤、焦炭等微晶质碳作为主要原料，根据使用要求，可通过配入人造石墨粉、天然石墨、添加或不加 SiC 以及陶瓷材料等，以煤焦油沥青或树脂等作结合剂，进行混练、成型和烧成。其特点是：具有强度高、抗侵蚀、耐磨损、抗碱性强、抗热震性好等优良性能。

（2）人造石墨质耐火材料（炭砖）。碳质耐火材料（炭砖）以石油焦或煤炭沥青焦为主要原料，用煤焦油沥青或树脂等作结合剂，经混练、成型、烧成，并进行石墨化处理（约3000℃）。这种高纯度人造石墨质耐火材料（炭砖）的热传导性好，所以抗热震性、耐碱性等都很好。

（3）天然石墨质耐火材料（炭砖）。天然石墨质耐火材料（炭砖）以结晶发育好的天然石墨作为主原料，根据需要，加入人造石墨粉等，并以煤焦油沥青、树脂或黏土等作结合剂进行混合，然后成型和烧成。具有耐侵蚀、抗热震、抗氧化性以及热传导性好等优良性能。

（4）特殊碳质耐火材料。在高温炉使用的隔热材料，期望选用有一定密度的特殊碳质材料，如膨胀石墨压型体，或者以碳纤维或晶须等为主体制成的板和毡、多孔质压体等代替原来使用的耐火隔热材料。特殊碳质材料还可作为炉衬缓冲材料、砖缝材料使用。

（5）碳质不定形耐火材料。碳质不定形耐火材料主要有碳质捣打料、碳质压注料和碳糊等。后者是将各种碳原料的混合物与结合剂混练成碳糊作为高温窑炉内衬耐火材料、缓冲材料、砖缝材料等。

2.3 高炉用碳/石墨砖（炭块）

2.3.1 高炉用炭砖的类型

高炉早已大量使用碳/石墨质耐火材料，主要是碳/石墨砖（炭块），也使用碳质不定形耐火材料。本节主要对碳/石墨砖进行回顾，并对碳石墨砖的改进作些简单说明。

2.3.1.1 炭砖

炭砖采用煅烧的无烟煤、石油焦、焦炭和结合剂（如石油沥青或煤焦油形成的混合物）经混练、模压或挤压成型后在炉内焙烘，于800～1400℃的温度下使炭质结合剂炭化，最终产品含有碳颗粒和碳的结合剂。

这类炭砖（烧固碳），可以采用外加的结合料使其致密，或者在真空下浸渍、烧固碳，并进行再烧固（炭化）-浸渍（多次浸渍可使炭砖的致密度提高2～3倍），从而改进抗渗透性；也可以通过往配料中加入专门的原料来改进最终产品的性能（如加入SiC或Si可改进炭砖的抗渗透性和耐磨性：加入人造石墨或天然石墨或者用SiC浸渍来改进最终产品的热传导性）。

2.3.1.2 热压炭砖

热压炭砖是将含有碳颗粒和碳结合剂混合料，使用一种特殊的压制方法/炭化法生产的产品。这种工艺被称为BP法或“热压法”。具体方法是：将碳颗粒和碳结合剂经混合后加入特殊模内，用液压捣打增压混合物，同时让模子通过电流使结合剂炭化（炭化时间仅几分钟）。当液体物质挥发时，液压捣打的混合物便压实到一起，在气体排出时形成了阻塞的气孔。因此，与普通炭砖比，其渗透性至少要小100倍。这种不渗透的热压炭砖是理想的炉缸和炉腹内衬耐火材料。如向配料中再加入特殊的SiO_2和石英便能使热压炭砖更能抵抗碱的侵蚀。

BP法或“热压法”的缺点是产品尺寸受到限制（该类炭砖的尺寸大约不超过500mm×250mm×120mm）。

2.3.1.3 石墨砖

合成石墨即人造石墨或人工石墨（是碳素材料在2400～3000℃经石墨化处理所获得的材料）作为一种烧固的碳素材料，制造方法与前面介绍的碳素耐火材料的制法相似。但在这种碳素坯体中的结合料已完全炭化，然后再送到另一座炉子内进行高温处理（石墨化）。该石墨化处理过程不仅改变了碳颗粒的结构，而且也改变了结合剂。

可见，该产品在原料、颗粒尺寸、纯度和密度等方面与前述产品都不同。其气孔可以用另外的结合料来填充，如在真空下用焦油或沥青浸渍后再进行炭化处理，即可形成气孔较少（致密度高）的产品。

制造的石墨大块或圆柱形坯体（砖坯），经切割和机械加工便获得了满足尺寸要求的大块砖。

2.3.1.4 半-石墨砖

人造石墨颗粒和结合剂（焦油-沥青）混合，并在800~1400℃下炭化烧固。最终产品由碳结合的石墨颗粒组成，属于碳结合的石墨砖，所以其热传导性比炭砖高得多。

半-石墨砖是一种比较多孔的材料，但它也可以按照使石墨砖致密的方法来提高密度。然后将制造的半-石墨大块或圆柱形的坯体，经切割和机械加工而获得半-石墨大块砖。

2.3.1.5 热压半-石墨砖

热压半-石墨砖是按半-石墨砖的配方设计和热压炭砖的生产工艺制成的产品。因而具有比一般半-石墨砖更高的热传导性和更小的渗透性。

按主原料组成，热压半-石墨砖有3种性质不同的产品以适应多种用途，具体如下：

（1）由破碎的石墨颗粒组成并加有碳质结合剂和添加抗碱侵蚀的二氧化硅和石英材料，采用BP法或“热压法”制成。

（2）由相同的石墨组成并加有结合剂（同（1）），用SiC代替二氧化硅和石英材料，采用BP法或“热压法”制成。

（3）由石墨颗粒和碳质结合剂组成，不加SiC、二氧化硅和石英材料，采用BP法或“热压法”制成。与一般烧固的半-石墨砖相比，由于热压而改进了性能。

由于热压是一种特殊的制造方法，所以制成的产品，其尺寸不超过500mm×250mm×120mm。

2.3.1.6 半-石墨化的砖

“半-石墨化”是指烧固的碳在1600~2400℃进一步进行热处

理。这种方法已开始改变碳的结晶结构，从而改变了它们的物理和化学性能。由于产品附加的热处理温度发生在低于石墨化温度以下，所以称这类产品为半－石墨化砖。可见，半－石墨化砖中颗粒和结合剂都是半－石墨化的，因而它们比前述的产品具有更高的热传导性和抗化学侵蚀性（碱和氧化作用）。

制造的石墨大块的或圆柱形坯体，经切割和机械加工后获得大块砖。由于产品是以半－石墨化结合的，所以它们比真正的半－石墨砖机械加工更加困难。

具有代表性的半－石墨砖和半－石墨化砖的性能如表2－3所示。

表2－3 半－石墨砖和半－石墨化砖的性能

性能		等级种类						
		半－石墨		半－石墨化		热压半－石墨		
		高温烧成常规料中等密度	高温烧成常规料高密度	高温烧成常规料中等密度	高温烧成常规料高密度	石墨加二氧化硅	石墨未加二氧化硅	石墨加碳化硅
体积密度 /$g \cdot cm^{-3}$		1.62	1.73	1.65	1.75	1.8	1.79	1.87
气孔率/%		19	15	18	15	18	13.5	—
透气性 /$m \cdot (h \cdot kPa)^{-1}$		—	—	—	—	8	4	0.6
热导率 /$W \cdot (m \cdot K)^{-1}$	20℃	45	45	47	47	45	60	45
	1000℃	32	32	32	32	32	32	32
灰分/%		0.4	0.2	0.4	0.2	9.5①	0.3	20②

① 灰分含量包括为控制碱侵蚀而添加的石英和二氧化硅。
② 灰分含量包括碳化硅。

2.3.1.7 微孔炭砖和超微孔炭砖

碳/石墨砖的气孔尺寸取决于添加剂的种类。例如，在碳/石墨砖中加入 Al_2O_3 和 Si 时能使其气孔尺寸发生很大改变，如表2－4所示。

表 2-4 金属硅添加量的影响

项　目	a	b	c	d
Si 加入量（质量分数）/%	0	3	5	10
体积密度/$g\cdot cm^{-3}$	1.397	1.420	1.435	1.487
总气孔率/%	24.9	24.4	24.2	23.4
耐压强度/MPa	49.6	47.3	58.4	62.9
渗透性/$mm\cdot h^{-1}$	98	13	11	3
气孔尺寸（1μm 的部分或较大气孔在总气孔中的比例）/%	83.6	62.3	50.6	27.2
灰分/%	4.4	8.3	10.9	16.8

通过向炭砖基质中添加细粒金属 Si 以及在碳质集料中加结合剂混合-成型，并埋炭烧成，发现在 1150～1500℃时多数金属 Si 与 C 结合生成 SiC，形成的 SiC 与气孔中的 O_2 和 N_2 化合生成 SiO-O-N（SiN_2O_2）晶须。也就是说，部分金属 Si 与气孔中的 O_2 接触首先生成 SiO_2：

$$Si + O_2 \longrightarrow SiO_2 \qquad (2-2)$$

再依次与另外的 Si 结合生成 SiO(g)：

$$SiO_2 + Si \longrightarrow 2SiO(g) \qquad (2-3)$$

然后，SiO(g) 与气孔中溶解的 Si 和 N_2 反应生成 SiN_2O_2 针状颗粒：

$$SiO + N_2 + Si \longrightarrow Si_2N_2O \qquad (2-4)$$

生成的晶须状氧氮化硅（Si_2NO）使气孔微细化，从而提高了抗铁水的渗透性能。

由此可见，碳/石墨砖的气孔尺寸可以通过添加剂种类和数量进行调整。

如果碳/石墨砖的气孔尺寸（直径）大于 1μm（0.001mm）的气孔体积不大于气孔总体积的 3%，那么这种碳/石墨砖就被认为具有多微孔性。其中，当碳/石墨砖的气孔直径从 4～5μm 降低到 0.5μm 时，称为微孔炭砖，而碳/石墨砖的气孔直径从 4～5μm 降低到 0.02μm 时，则称为超微孔炭砖，详见表 2-5。这两类炭砖明显地改善了抗铁水的渗透性、抗碱性和抗氧化性。

表 2-5 高炉炉缸用微孔和超微孔炭砖的性能

砖 种		标准炭砖		微孔炭砖		超微孔炭砖
		A	B	A	B	
气孔率/%		14	16	14	15	16
体积密度/$g \cdot cm^{-3}$		1.50	1.56	1.54	1.61	1.59
耐压强度/MPa		41	27	52	48	43
线变化（1500℃×2h）/%		+0.1	+0.1	+0.1	+0.1	+0.1
热导率（800℃）/$W \cdot (m \cdot K)^{-1}$		6.7	12.4	6.7	12.4	12.1
灰分/%		4	2.5	11	10	10
气孔分布/%	<1μm	13	16	80	75	80
	<5μm	20	24	90	95	95

2.3.2 高炉碳/石墨砖的性能

一般说来，高炉用碳/石墨砖（炭块）具备以下性能：

（1）强度性能随温度升高而增大。

（2）热膨胀小、体积稳定好。

（3）具有高热传导性和低弹性率，因而具有高的抗热震性。

（4）在高温下不会熔化。

（5）强度比值高。

（6）容易机械加工。

石墨耐火材料除了上述性能外还具有如下突出的性能：

（1）疲劳应力低。即使循环温度达到1500℃也是如此。原因是应力的构成主要是线膨胀系数和E模数的作用，而低的线膨胀系数和低的E模数即可转移成低的疲劳应力。

（2）高抗热震性。具有高抗热震性是石墨耐火材料的特殊性能，但它是材料形状和尺寸的函数。众所周知，石墨垂直于c轴的线膨胀系数约为$27 \times 10^{-6}℃^{-1}$，平行于c轴的线膨胀系数约为$1 \times 10^{-6}℃^{-1}$，而观察到石墨耐火材料的线膨胀系数约为$1 \times 10^{-6}℃^{-1} \sim 3 \times$

10^{-6}℃$^{-1}$。因而它们具有明显的非线性性能（图2-1），说明承受应力的石墨耐火材料能够通过自身非损毁性变形来减少所产生的应力，从而提高它们的抗热震性。

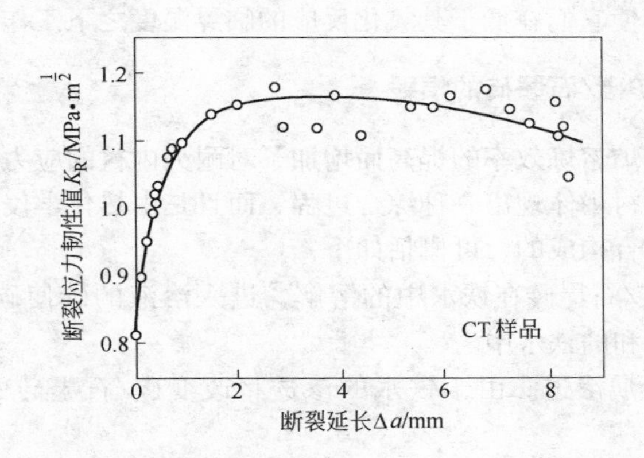

图2-1 初始槽口长度 $a_{o/w}=0.5$ 的样品的 R 曲线

（3）抗磨损。虽然石墨材料典型的洛氏硬度为45～65B，而半-石墨的洛氏硬度为50～70B，说明它们的耐磨损性不会很高，但石墨耐火材料热传导性高的特性却加速了凝固物质在它们表面的结瘤，形成保护渣壳而降低了其易损性。在炉墙工作温度高时，由于经常熔化，结果会因自身重量而导致结疤脱落，进而则会导致石墨内衬出现高磨损区域而产生不利影响。如果这些区带的热震不是主要因素，那就可以通过在石墨内衬中提供硬质层或供给抗磨损陶瓷护面得到解决。

（4）抗化学侵蚀。石墨耐火材料的化学侵蚀是热化学性质的，其机理与陶瓷材料并不一定相同。石墨耐火材料具有化学惰性，故不会受到碱侵蚀的任何影响。而氧化反应，特别是漏出的冷却水产生的蒸汽或 CO_2 或 O_2 侵蚀石墨耐火材料却是导致其化学侵蚀的重要机理。另外，高炉周围 CO 内的 CO_2 还可能产生炭沉积而导致膨胀和剥落。

石墨耐火材料的氧化临界温度随原料等级、石墨化程度、原料纯度和性质（非碳质成分）以及使用的结合料系统的种类（石墨的、半-石墨的或碳结合）而变化。纯石墨在空气中显示出氧化的临界温度是520~560℃，但某些少量杂质诸如灰分中的铁对氧化反应起触媒作用，并提高了氧化速率。通用的石墨在水蒸气中的临界氧化温度约为700℃，而在CO_2中是900℃。但由于石墨耐火材料热传导性高而往往会使它们在低于其氧化反应的临界温度之下工作。

2.3.3 高炉碳/石墨砖的损毁

随着高炉熔炼效率的提高而增加了对耐火内衬的应力，在高炉炉底和炉缸内衬中体现出一种综合过程，而且是由热化学侵蚀和热机械蚀损方式复合构成的，可概括如下：

（1）碳/石墨砖在铁水中的溶解。进入溶液的碳使碳/石墨砖溶解在碳次饱和的铁水中。

（2）金属渗透。由于铁水的渗透将改变碳/石墨砖的物理性能（指标）。

（3）锌和碱金属沉积。因形成沉积化合物而导致裂纹产生。在高炉停炉时，沉积的ZnO与炭砖的结合相反应形成$2ZnO \cdot SiO_2$或铝酸锌对砖造成破坏；而氧化钾沉积随之往碳/石墨砖内900℃温度区迁移，与碳反应并伴有体积增大，导致碳/石墨砖破坏；钾进一步沉积，如KC_8、KC_{24}和K C_{60}等碳化钾化合物的形成而导致碳/石墨砖剥落和分解。

（4）熔融产物的流动，这会导致物质传递和热传递的提高，并使碳/石墨砖表面碳素材料损耗。

（5）炉内存在的压力导致的热应力，因内衬中不稳定的热流而形成的裂纹会导致碳/石墨砖剥落。

（6）水蒸气对碳/石墨砖的氧化而导致碳/石墨砖损耗。

这些机理不是单个出现的，而是重叠在一起并互相强化的。此外，高炉碳质内衬的局部损毁也是重要机理。因此，为了防止由于个别部件损坏的不经济缩短了炉役，产量增加导致高炉下部高度蚀损，以及炉渣和碱蒸汽等强烈的化学侵蚀，因而期望在高炉各部位使用抗机械、化学和热蚀损的耐火材料特别是碳/石墨质耐火材料。

高炉炉缸是其最关键的部位，是左右高炉寿命长短的决定因素。典型炉缸侵蚀情况如图2－2所示，它表明：这种在炉缸拐角处

（“象脚”形或碗形）炉墙较低部位的蚀损以及炉墙易损坏层的形成是导致高炉过早结束炉役的原因。为了延长高炉炉缸寿命，必须控制这两种侵蚀现象的发生。

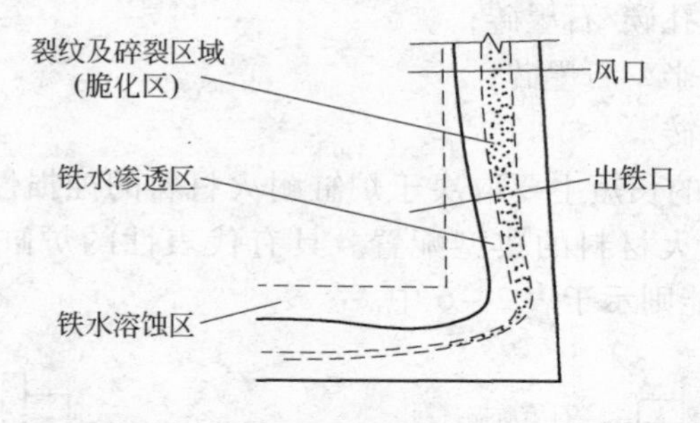

图 2－2　高炉炉缸内衬侵蚀图解

2.3.4　高炉用碳/石墨耐火材料的选择

2.3.4.1　高炉用碳/石墨砖

高炉内衬使用碳质耐火材料，最初是在炉缸部位，随后逐步扩大到炉腹、炉身下部、炉底等部位。当初在炉腹使用的主要是碳质耐火材料（炭砖）或石墨质砖（包括半－石墨砖）。不过，后来弄清了碱、锌侵入，CO 气体导致碳的沉积，冷却效果欠佳以及抗耐磨性不足等问题，便开发了更耐用的替代耐火材料。

高炉炉底也是决定高炉使用寿命的另一重要部位，因为这一部位总有温度约为 1600℃ 的铁水停留，难以修补，所以对耐火材料提出了更加严格的要求。

炉底用炭砖需要满足以下条件：

（1）铁水不能通过气孔（约为 1μm）侵入组织内；

（2）因铁水所引起的熔解少，而且砖组织结构内不产生选择性侵蚀；

（3）热传导性高，冷却效果好；

（4）抗碱性强；

（5）透气性低，以防止锌、氧化性气体等侵入；

(6) 弹性率小，强度大，变形能高，耐热震。

下面的碳/石墨砖是在高炉较低部位最常使用的碳质耐火材料：

(1) 标准炭砖；

(2) 超微孔碳/石墨砖；

(3) 微孔半-石墨砖；

(4) 石墨砖。

高炉寿命的长短主要取决于炉缸耐火材料的蚀损性能。图2-3示出了炉缸耐火材料的典型配置。具有代表性的炉缸用碳/石墨砖（炭块）的性能则示于表2-6中。

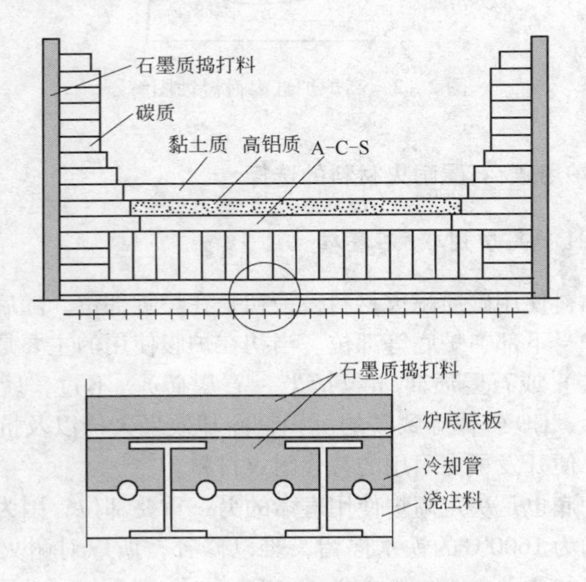

图2-3 炉缸耐火材料的典型配置

表2-6 具有代表性的碳质炉缸炭砖

性能	按专利生产的热压炭砖	常规焙烧的条形炭砖	常规焙烧的大块炭砖	常规焙烧的大块微孔炭砖	半-石墨化的大块炭砖	常规焙烧的大块半-石墨砖	低灰分低铁石墨砖
体积密度/$g \cdot cm^{-3}$	1.62	1.6	1.57	1.6	1.65	1.62	1.67
耐压强度/MPa	30.5	17.9	35.5	44.0	27.0	25.0	28.0

续表 2-6

性　能		按专利生产的热压炭砖	常规焙烧的条形炭砖	常规焙烧的大块炭砖	常规焙烧的大块微孔炭砖	半-石墨化的大块炭砖	常规焙烧的大块半-石墨砖	低灰分低铁石墨砖
灰分/%		10	8.0	4.8	13	0.4	0.4	0.2
渗透性/mm·h^{-1}		9	800	约200	约21	约150	约150	得不到
热导率/W·(m·K)$^{-1}$	600℃	18.4	10.4	4.3	11.0	45	42	120
	800℃	1.88	10.4	5.0	15.4	得不到	38	得不到
	1000℃	1.93	10.5	5.5	16.5	32	32	70
	1200℃	19.7	10.9	得不到	得不到	得不到	得不到	得不到

2.3.4.2 高炉用碳质不定形材料

高炉用碳质不定形材料主要是碳质捣打料和碳质压入料。

A 碳质捣打料

碳质捣打料分为炉底底板上的碳质捣打料和炉底侧壁碳质捣打料，表 2-7 列出了碳质捣打料的性能。

表 2-7 石墨捣打料的性能

性　能	捣打料（炉壁）	捣打料（炉底）
化学成分（固定碳，质量分数）/%	87	88
耐压强度（110℃×24h）/MPa	—	26
变形率［2.9MPa×2h（300℃）］/%	14	—
热导率（室温）/W·(m·K)$^{-1}$	32	15

a 炉底碳质捣打料

高炉底结构可见图 2-3，它表明，在底板上捣筑碳质捣打料，再在碳质捣打料上面砌筑炭砖或石墨砖。底板上的碳质捣打料的功能是：由于底板金属构件变形，难以在上面直接砌砖，为了进行找平而采用碳质捣打料施工。由于冷却传热方向与捣打料的加压方向一致，所以应使用定向性少的人造石墨，以树脂为结合剂，石墨捣打料性能见表 2-7。因为这种捣打料不会因荷重产生收缩，便于在其上面砌筑砖。

b 炉侧壁碳质捣打料

对于铁皮炉壳撒水的高炉（水冷炉壁），则在炭砖和炉壳之间填充碳质捣打料；对于立式冷却壁的高炉，则在炭砖和立式冷却壁之间填充碳质捣打料。由于冷却传热方向与捣打料的加压方向呈直角，所以一般使用具有定向性的天然鳞片状石墨。侧壁石墨质捣打料由于能吸收炭砖的热膨胀量，所以需要在高温下具有可缩性，一般选择使用在荷重下可产生收缩（约为10%）的石墨质捣打料。使用结果表明，为了使其具有可缩性，认为采用具有热可塑性碳质结合剂和以鳞片状石墨为主原料的碳质捣打料是有效的。

B 高炉炉底用碳质压入料

高炉炉底结构有铁皮炉壳撒水方式和立式冷却壁方式，在点火初期所发生的炉底内衬的膨胀和运转中的热变动所产生的膨胀差，都会导致在炭砖与石墨捣打料之间以及石墨捣打料与炉壳铁皮或立式冷却壁之间产生间隙，而降低冷却能力。另外，立式冷却壁高炉在立式冷却壁与炉壳铁皮之间填充的浇注料也会因脱水收缩而产生间隙，由于从风口吹入背衬中的风也会导致炉壳铁皮变形。作为其对策，可将炉壳铁皮开口，从炉外填充耐火材料。由于要维持冷却能力，所以需要提高填充耐火材料的热导率。所有这些间隙都是采用压送方式充填碳质压入料的。

炉底压入料应重视热导率和压送性，因而使用人造石墨，以热硬化性呋喃树脂为碳质结合剂，经混练后压送。最大粒径为填充间隙的50%～70%，为了降低混练后压入料的黏性，人造石墨微粉量最适合的配入比率为20%～30%。

2.4 高炉用碳/石墨耐火材料的损毁

众所周知，碳质耐火材料（如炭砖），由于具有热导率高、抗渣性强、高温强度大、耐热震性好，同时具备能够大型化等优点，所以被大量用于高炉炉底和炉缸等决定高炉使用寿命的重要部位，以适应总有1600℃的铁水停留而造成大修困难等使用条件的要求。

高炉各部位内衬使用碳/石墨耐火材料所处的操作条件不同，因而其损毁状态也是不一样的。詹晓明和宋木森曾经仔细观察武钢高炉炭砖破损特征，并作出了如下概括：

（1）炉缸炭砖的上面三层炭砖，在生产中随炭砖以上的高铝砖衬的侵蚀，也逐渐被侵蚀，到停炉大修时上层砖残存厚度一般只有400～800mm，往下逐渐增厚，第四层到铁口中心线区域的炭砖往往侵蚀较少，但渣铁口周围的炭砖一般侵蚀严重。

（2）铁口以下的炉缸炭砖的侵蚀速度大大加快，与炉底侵蚀线形成蘑菇形侵蚀。大修时炉缸残存炭砖厚度仅剩200～400mm。

（3）炉缸炭砖炉衬的内部，一般都有严重的环形侵蚀缝。有的形成环形空洞，有的环形缝带炭砖变为粉末，也有的变为疏松状，强度大大降低。环缝带的宽度一般为200～500mm。环缝上宽下窄成喇叭形状，下部延伸到炉底侵蚀线，有的空洞已与炉缸的蘑菇侵蚀带相连，渣铁可以进入环缝带。

（4）炉底炭砖的侵蚀特征为：炉底中间突起，靠炉缸砖衬的炉底炭砖侵蚀成环形凹槽，侵蚀深度比中心深300～500mm。对全炭砖水冷薄炉底而言，最大侵蚀深度达2.3～2.5m。

（5）炉底残有炭砖的砖缝中，有很多厚度为2～10mm、深度约为500mm的铁片，最厚的达40mm，说明这也是一种不可忽视的侵蚀现象。

造成高炉内衬炭砖损毁的原因是多方面的，特别是由于随着高炉效率的提高而增加了高炉内衬炭砖的应力，其中高炉炉底和炉缸炭质内衬体现出一种综合过程，而且是由热化学蚀损和热机械蚀损方式复合构成的。产生侵蚀的机理是：

（1）金属渗透。铁水的渗透将改变炭砖材料的物理参数（性能）。

（2）炭砖熔解。进入熔液中的碳导致炭砖熔解在碳次饱和的铁水中。

（3）锌和碱熔融产物的流动。这会导致物质传递和热导率的提高，并使工作表面的碳损耗。

（4）应力。金属的沉积而导致内衬不稳定的热流，从而形成裂纹导致剥落损毁。

这些机理并不是单一出现的，而是综合作用并互相强化的，结果则导致炭砖损毁。下面，我们只就铁水对炭砖的渗透和熔解问题作些简单说明。

由于碳质耐火材料易被铁水所润湿，所以铁水容易渗透进入炭砖内部的气孔中。用于高炉炉缸部位的炭砖一般都由疏松的结合基质及其中的粗大颗粒碳组分构成。显然，其结合基质有可能被铁水渗透而加速碳质内衬的蚀损过程。通常认为，铁水渗透进入炭砖内部气孔中是图2-4所示的三种力相互作用的结果。

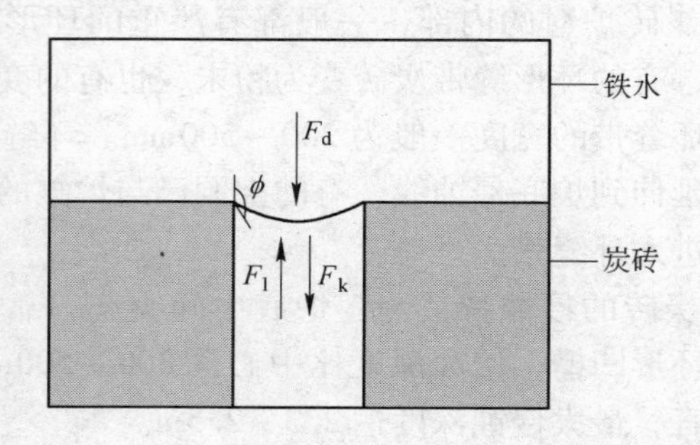

图2-4 铁水渗透开口气孔中时力的分布

图2-4表明，由于铁水熔池的重量形成并将铁水往炭砖气孔中挤压的压力为：

$$F_d = p(\mathrm{Fe})\pi d/4 \qquad (2-5)$$

毛细管吸力为：

$$F_k = \pi\cos\phi d\sigma \qquad (2-6)$$

摩擦力为：

$$F_r = 8\pi\eta\xi \mathrm{d}x/\mathrm{d}t \qquad (2-7)$$

式中，$p(\mathrm{Fe})$ 为铁水熔池的压力；d 为炭砖内部气孔的直径；η 为铁水黏度；ξ 为迷宫系数；ϕ 为铁水/碳的边缘或浸润角；x 为气孔坐标轴。

三者合力为：

$$F = F(\mathrm{Fe}) + F_k - F_r \qquad (2-8)$$

当 $F>0$，即 $F(\mathrm{Fe}) + F_k > F_r$ 时，将发生铁水向炭砖内部气孔中

的渗透（发质渗透）。

当 $F=0$，即 $F(\mathrm{Fe})+F_k=F_r$ 时，铁水向炭砖内部气孔中的渗透达到平衡（渗透停止）。

当 $F_r=0$，相当于炭砖内部气孔正好尚未被铁水渗透的临界状态，此时：

$$F_l+F_h=F_r=0 \quad F_d+F_k=F_r=0 \tag{2-9}$$

因而：

$$F_d=-F_k \tag{2-10}$$

也就是：

$$F(\mathrm{Fe})=-(4\sigma\cos\phi)/d \tag{2-11}$$

式（2-11）表明铁水渗透的必要压力与炭砖内部气孔有直接的关系。在特定的温度条件下，铁水/碳界面能 σ 以及碳与铁水的浸润角 ϕ 均可从文献中查到，因而 $p(\mathrm{Fe})$ 与 d 的关系即可由式（2-5）确定。实际观测的结果则表明：当过压为 0.1MPa（1bar）时，1 个直径约 65μm 的气孔在 1500℃的铁水温度下正好被渗透；而在 10μm 的气孔中，在有效压力（渗透压）为 0.66MPa（6.6bar）时，可能有铁水渗入。这就说明，在这种条件可减少大于 10μm 的气孔比例，就足以有效地防止铁水渗透。

由于铁水柱的铁静压及高炉（炉顶）高压运行操作，从而决定了铁水向炭砖内部气孔中的渗透是可能的。实际也观察到，高炉停风时拆除的衬砖中，炉缸和炉底的残砖中的铁成分比例达到 50%，渗透深度达到 1m。这种渗透现象虽然可以应用上述理论进行评价，但在实际评价时还应考虑铁水渗透时所导致气孔扩张的影响。

铁水渗透进入炭砖内部气孔中的一个直接后果是加剧了炭砖成分向铁水中的纯熔解过程。

众所周知，高炉炉缸范围接受由风口平面滴下的铁水，因而直接受到铁水的侵蚀。如果铁水滴下后尚未被饱和（此种铁水称为次饱和铁水），那么就可能从炉缸范围的炭砖中再吸收碳，直至达到饱和为止。炭砖成分熔解速度取决于铁水中碳的饱和量、铁水的成分和温度。图 2-5～图 2-7 示出的是采用“旋转圆柱体”的试验方法所进行的抗铁水熔解的试验结果。

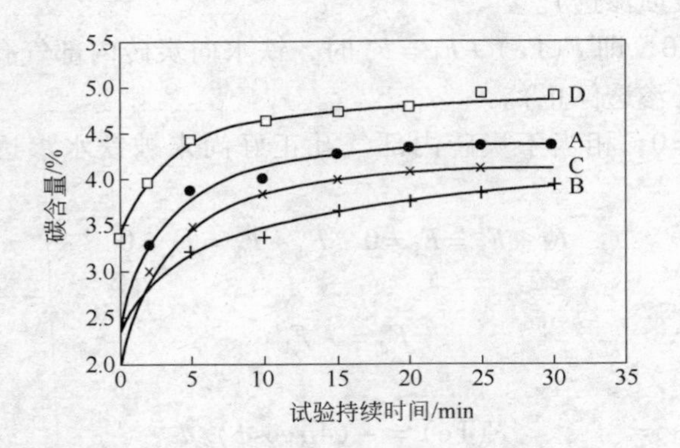

图 2-5 非晶质炭砖的熔解性状

A—无烟煤 + 冶金焦；B，D—无烟煤；

C—无烟煤 + 石油焦

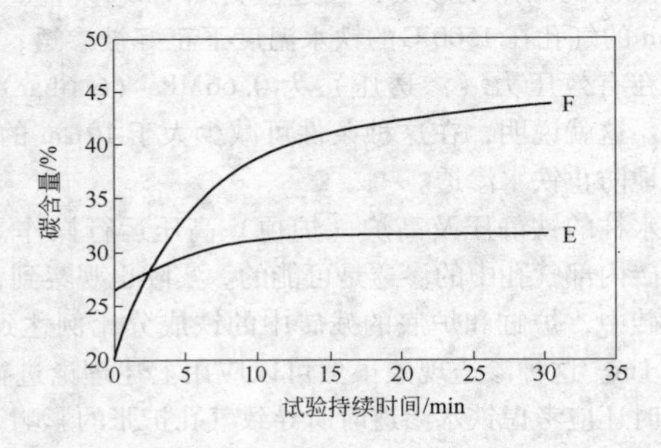

图 2-6 有添加剂非晶质炭砖的熔解性状

E—无烟煤 + Si + Al_2O_3；F—无烟煤 + 石油焦 + Si

图 2-5 是以无添加剂无烟煤为原料的非晶质炭砖试样抗铁水侵蚀的结果。它表明在试验的最初阶段，铁水熔解碳的速度相当快，此后则逐渐接近最大值（接近铁水饱和度）。而且添加或不添加焦炭的炭砖试样的熔解曲线都非常类似，表明它们的熔解机理是相同的。

图 2-6 表明，当向上述非晶质炭砖试样中添加 Si 或 Si + Al_2O_3

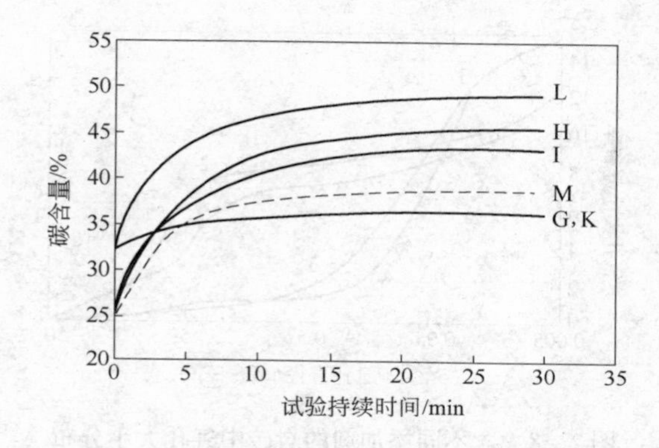

图2－7 石墨含量增加炭砖的熔解性状

G，K—无烟煤＋石墨＋Si＋Al_2O_3；H—无烟煤＋石墨＋Si；
I—石墨＋Si；L—无烟煤＋石墨＋Si；M—石墨＋Si＋Al_2O_3

时能改善炭砖试样抗铁水的侵蚀性，其中 Al_2O_3 效果比 Si 大（由 E 与 F 对比看出）。原因在于添加 Al_2O_3 时，试样表面上形成了保护层，可防止炭砖试样进一步的侵蚀。

图2－7是含添加剂的高导热性炭砖试样的试验结果。由于试样中含有较高的石墨，因而其熔解性状非常明显，而且图中也表明，当往基质中添加 Al_2O_3 时还能明显改善炭砖试样抗铁水的侵蚀性能，但仅添加 Si 的炭砖试样却没有表现出很高的抗铁水侵蚀的性能。

由以上分析可以得出下述结论：

（1）铁水渗透进入炭砖组织中的数量取决于其气孔大小，因而认为在开发新型碳质耐火材料品种时，应通过配入添加剂的方法将气孔调整到较小的平均气孔大小范围之内。通过研究得出：添加 Al_2O_3 对改进气孔大小及其分布的作用很小，而添加 Si 时的作用大，如图2－8所示。

图2－8表明，不加 Si 的平均气孔直径为5μm，而加 Si 的平均气孔直径则降低到0.1μm。根据这一事实，便开发了微孔炭砖和超微孔炭砖，如表2－5所示，从而大大改善了抗铁水的渗透性、抗碱性和抗氧化性。表2－5表明，微孔炭砖是将普通炭砖气孔直径从4～5μm减小到0.5μm，而超微孔炭砖则是将普通炭砖气孔直径从4～

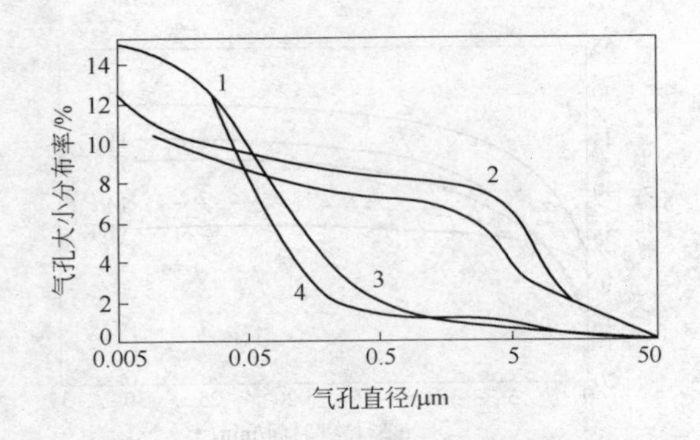

图 2-8 含不同添加剂的炭砖中气孔大小分布

1—标准的炭砖 A；2—炭砖 A + Al_2O_3；

3—炭砖 A + Si；4—炭砖 A + Al_2O_3 + Si

5μm 减小到 0.2μm。

（2）铁水侵蚀炭砖的情况主要发生在低硅和低碳含量的场合，熔解主要位于对铁水抵抗性最小的部位（基质）。研究结果表明，加有 Al_2O_3 的炭砖可明显提高抵抗铁水的熔解性，而只加 Si 的炭砖对提高抗铁水的熔解性的作用是相当有限的。

（3）实际观察发现，减小气孔直径大于 10μm 的气孔比例即可有效防止铁水的渗透。同时还观察到，无烟煤基质的传统炭砖抗铁水的熔解性优于配加石墨的炭砖。在任何情况下，往基质中添加 Al_2O_3 等物质都能大大改善炭砖抗铁水的熔解性。

3 碳/石墨－氧化物耐火材料

本章主要讨论碳/石墨－氧化物系耐火材料（也称碳复合氧化物耐火材料，简称复合耐火材料）及其有关的问题。

3.1 概况

第一次使用碳和氧化物搭配生产碳复合耐火材料是在15世纪初所制造的碳－氧化物坩埚，后来熔炼有色金属的蒸馏罐、铸锭时用的石墨塞头和水口砖以及有的工厂采用的石墨－黏土质钢包衬砖（有时用焦炭代替）等都属于石墨（碳）－黏土质耐火制品。它们是由石墨和耐火黏土掺有或者不掺黏土熟料制成的，因而属于 $C-Al_2O_3-SiO_2$ 系统。由于制品中含有一定数量的石墨而提高了它们的热传导性，降低了膨胀率，从而改善了抗热震性。而且，由于石墨粒子周围有黏土形成的保护膜，故可防止碳的燃烧。

生产中常用鳞片状石墨作为石墨坩埚的碳源，黏土则选用高可塑性和易烧结的黏土，黏土熟料也要求高耐火的、致密的、收缩小的黏土熟料。因为石墨的鳞片状组成和片状颗粒对石墨－黏土制品的制造和成品性能有好处，即石墨的片状颗粒能增加泥料的可塑性，促使坯体更加紧密而且不易燃烧。同时，鳞片状结构同平面上碳原子之间的价键为金属键，可增强制品的传热和导电性能。

当石墨坩埚用作炼钢容器时，配料中石墨含量（质量分数）为40%～50%。随后，在高炉大量使用碳/石墨砖（炭块）时期，为了使碳/石墨砖（炭块）更加抗碱，则将特殊的二氧化硅和石英配入产品中，而碳/石墨砖（炭块）可极大地提高抗铁水的侵蚀（熔蚀）性能。在添加大量（质量分数约为10%以上）的特殊的二氧化硅和石英或者 Al_2O_3 的碳/石墨砖（炭块）时，其中的 SiO_2 或 Al_2O_3 含量已成为碳/石墨砖（炭块）中一种组分，因而这类碳/石墨砖（炭块）应属于碳/石墨－ SiO_2 或 Al_2O_3 质耐火材料范畴。另外，出铁口用炮泥等也都是碳与耐火氧化物构成的复合耐火材料。

在转炉炼钢初期直至以后的相当时期内，就已开发出采用焦油/沥青结合的白云石、镁－白云石砖等含碳耐火材料，这些都是碳与耐火氧化物构成的复合耐火材料。它们只是一种刚好含有足够的碳充填气孔结构的 MgO－CaO 质耐火材料（质量分数约为 2%～5%）。

1970 年，日本在电炉上试用 MgO－C 砖取得成功并推广应用。1978 年又在转炉上试用 MgO－C 砖并取得了成功，从而开创了碳复合耐火材料在转炉上应用的先例。

碳（石墨）具有高熔点、高热传导率、抗热震性好、难以被熔渣湿润、不会被熔渣侵蚀以及能还原 FeO_n 等外来物质的优点，但存在易氧化等缺点；镁砂（MgO）具有熔点高、抗侵蚀性强等优点，但却容易被熔渣浸透、抗结构剥落性差。将它们配合制成 MgO－C 砖之后即可成为碳（石墨）和镁砂（MgO）各自的优点同时也克服了两者缺点的高性能复合耐火材料。碳的易氧化性即可通过添加抗氧化剂得到改进。可以说，MgO－C 砖 100% 地利用了天然鳞片状石墨难以与熔渣湿润、导热率高以及应力缓和能力大等优点，最大限度地发挥了 MgO 的高耐蚀性能，因而这类复合耐火材料是一种划时代的耐火材料。

MgO－C 砖发展的基础是结合技术。从探讨与碳的亲和性、黏性、强度、残碳量等方面看，有分开使用或同时使用酚醛树脂的。对于 MgO－C 砖来说，第一个决定性的技术步骤是天然鳞片状石墨用于 MgO－C 砖的生产中，第二个决定性的技术步骤则是采用合成树脂作为生产 MgO－C 砖的结合剂，从而在技术上能够生产出碳含量大大增加（碳含量大于 20%）的 MgO－C 砖。这是 MgO－C 砖迅速发展的前提。

同时，在炼钢连铸推广应用时期，广泛使用的滑板砖、水口砖、浸入式水口砖等也都是由氧化物（主要是 Al_2O_3）和碳复合起来的耐火材料。

现在，MgO－C、MgO－CaO－C、Al_2O_3－C、Al_2O_3－MgO－C、ZrO_2－C 以及 Al_2O_3－ZrO_2－C 等一系列复合耐火材料也都被广泛应用。

3.2 碳/石墨－氧化物耐火材料的构成

为了某种应用，碳/石墨可以同其他耐火材料混合使用以形成一种合适的复合耐火材料。对于氧化物耐火材料来说，加入碳/石墨后可使熔渣浸透深度减小从而使损毁减轻。同时，添加碳/石墨则提高了耐火材料的热导率并降低了线膨胀系数，从而改善了它们的抗热震性。

现在已经知道，碳/石墨几乎能同所有的耐火氧化物混合使用（复合）构成一种合适的耐火材料（碳结合/组合耐火材料，简称复合耐火材料）。按元素构成，它们属于 Me－O－C 系统（Me＝Si，Al，Mg，Ca，Cr，Zr，Ti）。C 几乎能同所有单一氧化物构成二成分复合耐火材料，如 SiO_2-C，Al_2O_3-C，$MgO-C$，$CaO-C$，ZrO_2-C 系复合耐火材料等。而二元氧化物系统（混合物和复合氧化物）也有可能同 C 构成复合耐火材料，如 $Al_2O_3-SiO_2-C$，$MgO-CaO-C$，$MgO-Al_2O_3-C$，$Al_2O_3-ZrO_2-C$，$CaO-ZrO_2-TiO_2-C$（主要是 $CaO \cdot ZrO_2-CaO \cdot TiO_2-C$）等以及 $MgO \cdot Al_2O_3-C$，$CaO \cdot ZrO_2-C$ 等复合耐火材料。

另外，碳化物如 SiC－氧化物系耐火材料等也属于另一类含碳耐火材料范畴。可见，C－氧化物系耐火材料的种类非常多，是十分重要的一种类型的耐火材料。

3.2.1 碳/石墨－氧化物耐火材料组合和分类

碳（石墨）－氧化物系耐火材料的开发和发展的目的就是改善和优化基础材料的性能，以便能同某种使用条件相适应。因此，往往以碳/石墨或者以一种或几种耐火氧化物为基础，有目的地向配料中加入（添加）一定数量（往往少于基础材料的数量）的碳（石墨）或者氧化物材料，以获得所追求的目标性能。这样，C 同一系列复合物复合就可以构成两种主要类型复合耐火材料可供选择：

（1）含氧化物的碳/石墨系耐火材料。氧化物/碳（石墨）<1，简称为“碳（石墨）－氧化物质复合耐火材料”。

（2）含碳（石墨）的氧化物系耐火材料，氧化物/碳（石墨）

>1，简称为“氧化物－C 质复合耐火材料”。

3.2.2 C－氧化物复合耐火材料

在前面已经指出，含 SiO_2 的碳（石墨）耐火材料，含 Al_2O_3 的碳（石墨）耐火材料都是含氧化物的碳（石墨）耐火材料的重要例子。但限于应用范围，含氧化物的碳（石墨）耐火材料的实际应用例子并不多见。

由研究结果得出，当向碳/石墨砖（炭块）的基质中添加高纯的 Al_2O_3 时，便能明显地提高它们抗铁水的熔蚀性能，如图 3－1所示。

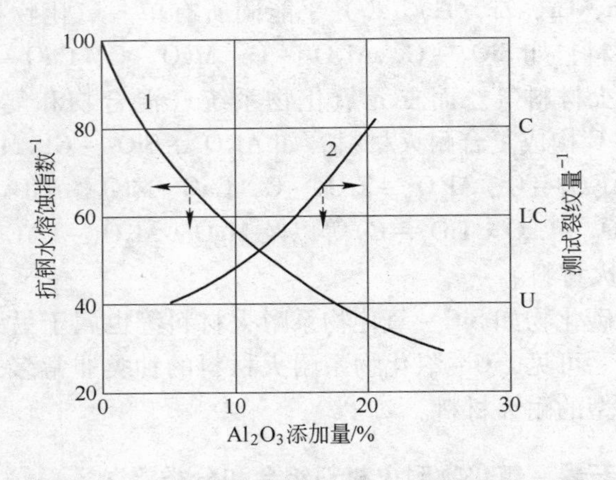

图 3－1 煅烧过的无烟煤中添加氧化铝的效果

1—指数越小，炭砖抗熔蚀性越好；2—据 ASTMC454；

C—裂纹；LC—轻微裂纹；U—未受损

它表明，随着 Al_2O_3 含量的增加，碳/石墨砖（炭块）抵抗铁水的熔蚀性也增加。但如果添加过多的 Al_2O_3 那就会降低碳/石墨砖（炭块）的抗碱性。因此，用于高炉的碳/石墨砖（炭块），需要限制 Al_2O_3 的添加量为5%～10%。

一般认为，当添加成分的数量超过5%时就可以将它们视为耐火材料中的重要组分。为了充分发挥添加材料的作用，在一般情况下添加材料都以细粉形式加入。因此，复合耐火材料的基体（骨料颗粒）

是单一或多个基础材料，而基质则是由与基础材料的细粉和添加材料的混合物构成。

耐火氧化物-碳（石墨）系耐火材料（例如 MgO-C 砖）的组织结构可以简单概括如下：

（1）当碳（石墨）的添加量（体积分数）少于15%（质量分数<10%）时，复合耐火材料基质的组织由镁砂组成连续基质，而碳（石墨）则以星点状充填于耐火氧化物基质中。

（2）当碳（石墨）添加量（体积分数）为15%～28%（质量分数约为10%～20%）复合耐火材料基质的组织由镁砂和碳（石墨）的混合物互相穿插组成。

（3）当碳（石墨）添加量（体积分数）高于28%（质量分数高于20%）时，复合耐火材料基质的组织则由碳（石墨）组成连续基质，而基质中有可能分布着耐火氧化物夹杂物。

由于复合耐火材料基质的组织结构决定着复合耐火材料的性能，由此也就决定了材料的用途。显然，如果添加组分的数量不同，那么整个材料的性能也就会有差异（这些差异留到后文中有关章节再讨论）。

根据耐火氧化物的属性可以将复合耐火材料大体分为碱性复合耐火材料和非碱性复合耐火材料，也可以根据使用结合剂类型进行分类。对于同一系列复合耐火材料来说，则要根据结构、性质或者用途进行分类。

当根据材料组织结构进行分类时，根据碳（石墨）含量的高低即可将复合耐火材料主要分为以下三类，即：

上述（1）的情况，称为低碳复合耐火材料；

上述（2）的情况，称为中碳复合耐火材料；

上述（3）的情况，称为高碳复合耐火材料。

此外，碳（石墨）添加量（体积分数）低于5%（质量分数低于2%～4%）时即可定义为超低碳复合耐火材料。

上述关于按碳含量划分耐火氧化物-碳（石墨）系复合耐火材料的类型是大致的范围，而且原料不同时还可能会有波动。

如图3-2和图3-3所示，对于无碳（石墨）耐火材料来说，熔渣很容易向其内部浸透（图3－2），一旦气孔中填充碳时，熔渣就受到阻碍，不能向气孔深处浸透（图3－2）。

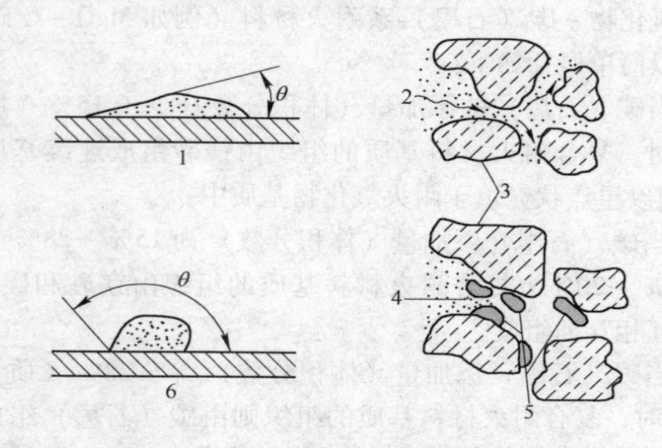

图3－2 含碳砖和无碳砖的气孔浸润示意图

1—润湿（低 θ）；2—气孔中的碱氧转炉渣；3—方镁石（MgO）；4—碱氧转炉渣；5—碳粒子；6—不润湿（高 θ）

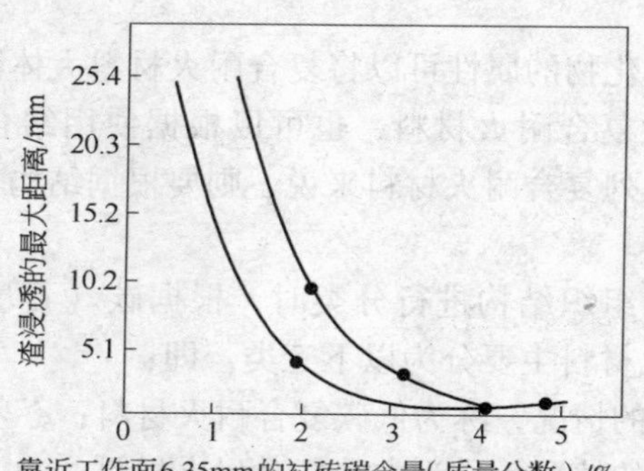

图3－3 碳含量对炉渣浸透的影响

图3－3和图3－4则表明，能够阻止熔渣向MgO－C砖内部浸透的碳含量为3%～4%（约相当于体积分数的5%），但考虑到碳易氧化的事实，所以碳的配入量应高于这一限度（超过体积分数的5%）。

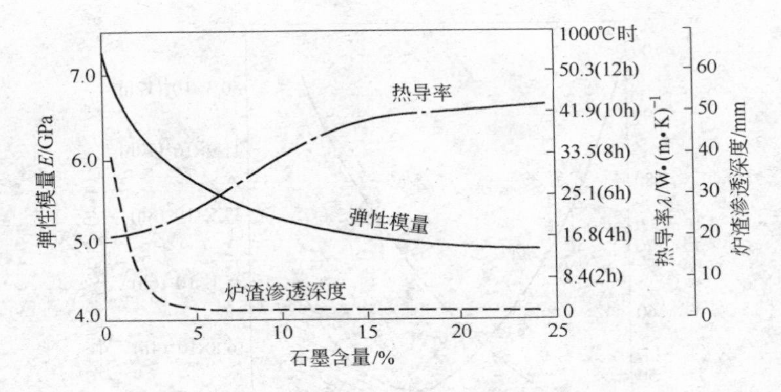

图 3－4 石墨对 MgO－C 砖的热导率、弹性模量和抗炉渣渗透的影响

由图 3－3 看出，熔渣向超低碳复合耐火材料浸透深度发生实质性变化的情况是从数厘米变为 1～2mm，因而耐火内衬的损毁机理也出现重大变化。认为：

（1）碳可以使 $CaO/SiO_2>2$ 的熔渣中 FeO_n 还原，从而提高了浸透熔渣的熔化温度。

（2）由于氧化物熔渣与碳的接触角 θ 大于 90°，因而复合耐火材料不被熔渣润湿。

可见，不发生熔渣向复合耐火材料内部浸透的决定性因素是熔渣成分中的 FeO_n 或 CaO/SiO_2 比率。

为了提高复合耐火材料的抗侵蚀性，通常需要增加碳的配入量，如图 3－5 所示。该图表明：当 MgO－C 砖中石墨含量为 15% 时，其耐侵蚀性最高；而石墨含量高于或低于 15% 时，其耐侵蚀性会降低。石墨含量高于 20% 时，由于容易受到环境气氛的影响，其耐侵蚀性在很宽的范围内变化。产生这种现象的原因是含大量石墨的 MgO－C 砖，由于脱碳使砖的组织劣化，空隙增加了，结果侵入脱碳层中单位体积内的熔渣数量增加了，从而促进了熔渣同镁砂的反应并加快了 MgO 向熔渣中的漂浮流失。这就说明，向氧化物－碳系耐火材料中添加抗氧化剂是完全必要的。

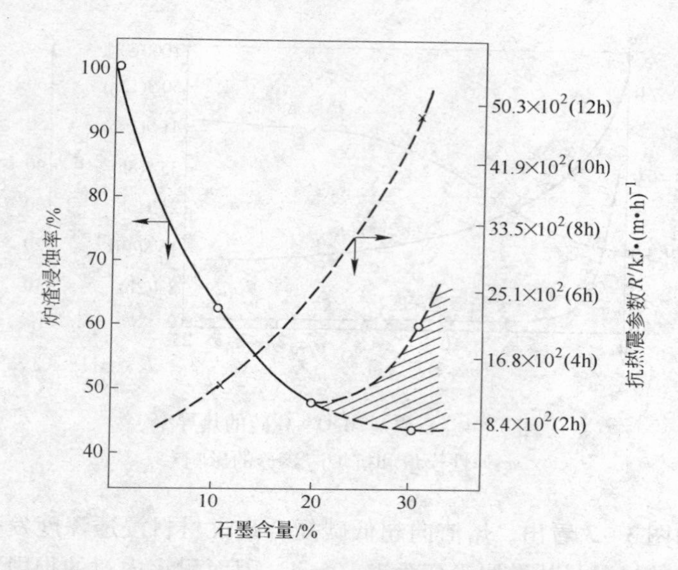

图3－5　石墨含量对 MgO－C 砖的抗渣性和热稳定性的影响

$R' = S(1-\mu)K/(Ea)$；S—断裂模量；E—弹性模量；

μ—泊松比；a—线膨胀系数；K—热导率

3.3　氧化物－C 质耐火材料及其应用

氧化物－C 质耐火材料（也称含碳耐火材料）分为碱性含碳耐火材料和非碱性含碳耐火材料，根据使用的结合剂又可进一步分类。这意味着可根据不同的技术来制造这些氧化物－C 质耐火材料。这些氧化物－C 质耐火材料的典型制品是 MgO－C、Al_2O_3－C 和 ZrO_2－C 质耐火砖等，它们的品种繁多，不可能一一介绍，下面先对 MgO－C 质复合耐火材料作些简单说明，然后再介绍 Al_2O_3－C 质复合耐火材料及其相关问题。

3.3.1　MgO－C 质复合耐火材料

MgO－C 质复合耐火材料的发展和应用已有 40 年多的历史，它们始于 20 世纪 50 年代为转炉开发的焦油/沥青结合白云石质耐火材料。当初，这种含碳耐火材料在某些钢厂的使用寿命约为 100 炉。为此，则向焦油/沥青结合白云石质耐火材料中配入镁砂细粉，制造所谓镁-白云石砖，取得了较大进步。大约在20世纪70年代，气孔数量很少的烧成油浸镁砖成为转炉冲击区和其他高磨损部位的标准内衬砖，同时实施“综合炉衬”即实行分区筑衬，而实现了均衡蚀损，提高了使用寿命。

20世纪70年代后期，MgO-C砖在转炉上试验成功，从而开创了MgO-C质复合耐火材料在转炉上应用的先例。

20世纪80年代，树脂结合MgO-C砖得到发展，随之也增加了碳的配入量。同时，为了降低碳的烧毁速度，添加抗氧化剂来保护碳。

由于MgO-C砖100%地利用了天然石墨（鳞片）难以与熔渣润湿、热导率高以及应力缓和能力大等特性，最大限度地发挥了MgO的高耐蚀性能，因而这类耐火材料是划时代的耐火材料。

后来，电熔镁砂、大晶粒烧结镁砂、高纯（烧结/电熔）镁砂等和高纯石墨被引入到MgO-C砖中来改善材料的抗侵蚀性，从而大大提高了转炉的使用寿命。

MgO-C砖的优点是：耐熔渣侵蚀和抗热震性能良好。以前MgO-Cr_2O_3砖和白云石砖的缺点是吸收熔渣成分，产生结构剥落，导致超前损毁。MgO-C砖通过加入石墨，消除了这一缺点，其特点是熔渣仅渗入工作表面，所以反应层限定在工作面上，结构剥落少，使用寿命长。

现在，除了传统沥青和树脂结合MgO-C砖（包括烧成油浸镁砖）外，市场上出售的MgO-C砖有：

（1）由含96%~97%MgO的镁砂和94%~95%C的石墨制成的MgO-C砖；

（2）由含97.5%~98.5%MgO的镁砂和96%~97%C的石墨制成的MgO-C砖；

（3）由含98.5%~99%MgO的镁砂和98%~99%C的石墨制成的MgO-C砖。

按碳含量多少，MgO-C砖分为：

（1）烧成油浸镁砖（碳含量小于2%）；

（2）碳结合镁砖（碳含量小于7%）；

（3）合成树脂结合 MgO－C 砖（碳含量为 8%～20%，少数情况达 25%）。在沥青/树脂结合 MgO－C 砖（碳含量为 8%～20%）中往往添加了抗氧化剂。

MgO－C 砖采用高纯 MgO 砂和鳞片状石墨、炭黑等搭配来生产，其制造有以下工序：原材破碎、过筛、分级，按材质配方设计和制品设定性能进行混料，根据结合剂类型升温至接近 100～200℃，同结合剂一起混练以得到所谓 MgO－C 质泥料（坯体混合物）。采用合成树脂（主要是酚醛树脂）的 MgO－C 质泥料则采用冷态成型；采用沥青（加热成流态）结合的 MgO－C 质泥料则采用热态（约 100℃的条件下）成型。根据 MgO－C 制品的批量和性能要求，成型可以采用真空振动设备、压模成型设备、挤压机、等静压机、热压机和升温设备、捣打设备将 MgO－C 质泥料加工至理想形状。已成型的MgO－C 坯体置于 700～1200℃的窑炉中进行热处理，使结合剂转化为炭（此过程称为炭化）。为了提高 MgO－C 砖的致密度，强化结合，也可以采用与结合剂相似的填充剂来浸渍砖坯。

现在，多采用合成树脂（特别是酚醛树脂）作为 MgO－C 砖的结合剂。采用合成树脂结合 MgO－C 砖具有以下基本的优点：

（1）环境方面可以容许进行加工生产这些制品；

（2）制品可在冷态混合的条件下生产的工艺过程节省了能量；

（3）产品可在非养护条件下加工处理；

（4）同焦油沥青结合剂相比没有塑性相存在；

（5）碳含量增加（更多的石墨或者烟煤）可提高耐磨性和抗渣性。

关于 MgO－C 砖的配方设计，主副原料及结合剂的选择，制砖工艺和应用技术的更详细内容，请参阅宋希文、安胜利主编的《耐火材料概论》及其他含碳耐火材料书籍。

3.3.2 Al_2O_3－C 质耐火材料

3.3.2.1 定义

Al_2O_3－C 质耐火材料主要是采用氧化铝（如烧结/电熔白刚玉、

亚白刚玉、棕刚玉、板状 Al_2O_3、烧结铝矾土等）和碳/石墨原料搭配生产的复合耐火材料。在大多数情况下，还加入添加剂（如 SiC、Si、Al 等），以改善其性能。按生产方式，Al_2O_3－C 质耐火材料可分为定形 Al_2O_3－C 质耐火材料（砖）和不定形 Al_2O_3－C 质耐火材料，前者又可进一步分成烧成 Al_2O_3－C 质耐火材料（烧成 Al_2O_3－C 砖）和不烧成 Al_2O_3－C 质耐火材料（不烧 Al_2O_3－C 砖）。

不烧成 Al_2O_3－C 质耐火材料（不烧 Al_2O_3－C 砖）在炭化处理或者使用后的结合是基于焦炭网络同耐火材料粒子的黏附，同时还有焦炭网络内部分原子的直接结合、负价结合和范德华力。

烧成 Al_2O_3－C 砖属于陶瓷结合材料，或者属于陶瓷－碳复合结合型。烧成 Al_2O_3－C 砖大量用作连铸用滑动水口的滑板砖、长水口砖、浸入式水口砖、上/下水口砖、整体塞棒等；而不烧 Al_2O_3－C 砖则属于碳结合材料。由于 Al_2O_3－C 砖具有很高的抗氧化性和抗 Na_2O 系熔渣的侵蚀性能，因而还广泛用于铁水预处理设备中，也有用作钢包内衬耐火材料的。

此外，Al_2O_3－C 质不定形耐火材料（捣打料、可塑料、浇注料、振动料等）也有广泛的应用。

3.3.2.2 钢包用 Al_2O_3－C 砖

传统高铝质钢包内衬砖是以烧结铝矾土为主要原料制成的，由于它们存在如下所述的固有缺点，因而其用量已经不多了：

（1）高铝砖存在体积收缩，导致钢水和熔渣的浸透和侵蚀更加严重，以及在砖和砖之间的接缝处形成较厚的熔渣层。

（2）高铝砖本身固有的脆性和其组织结构特点，使得钢包内衬形成较厚的剥蚀带及熔渣层。

（3）高铝砖对钢水和熔渣固有的润湿性，导致熔渣的侵蚀和浸透更加严重，并产生片状剥落。

为了克服高铝砖的上述缺点，即向配料中添加石墨，生产 Al_2O_3－C 砖代替传统高铝砖砌筑钢包内衬。这类 Al_2O_3－C 砖是以刚玉、烧结铝矾土和石墨等为主原料，而以酚醛树脂为结合剂并添加抗氧化剂而制成的。通常，石墨的配入量小于12%，基本上属于低碳 Al_2O_3－

C砖。

3.3.2.3 连铸用 Al_2O_3－C砖

A Al_2O_3－C滑板砖

a SV系统及其对耐火材料的要求

SV系统作为钢包和中间包钢水流量的控制系统，因可控性好，能提高生产率而得到不断发展。

SV系统基本上由上水口砖、滑板砖和下水口砖组成，如图3－6所示。

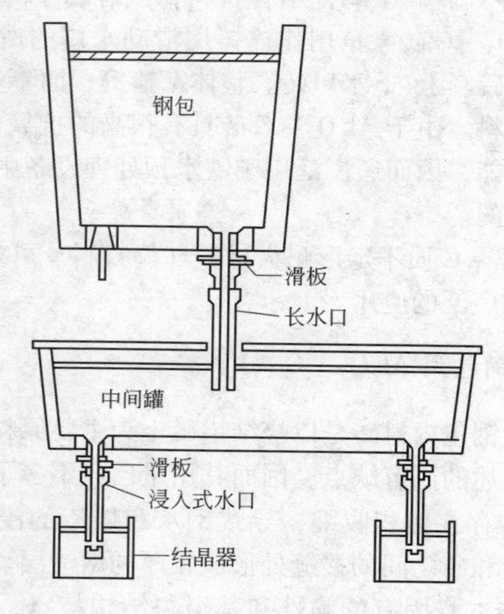

图3－6 长水口操作示意图

SV系统按滑动方式不同，分为旋转式和往复式两种，还可根据所需滑板数量而分为两层式和三层式。

在浇铸开始时，SV滑板砖被钢水热冲击而导致损毁，在浇铸过程中，同时受到钢水（磨耗）和渣（化学侵蚀和氧化）所导致的损毁。其损毁情况主要由浇铸钢种、操作条件、SV结构和滑板砖材料的种类等因素决定。总的来看，SV滑板砖损毁的原因是表面损毁、孔径扩展、边缘损毁和龟裂。因此，滑板砖应具备强度高、耐磨耗、耐渣蚀和抗热震等优点。

b Al_2O_3 - C 质滑板砖的组织与特性

Al_2O_3 - C 质滑板砖是 20 世纪 70 年代后期为防止沥青浸渍高铝质滑板砖在使用中产生烟气而发展起来的。同高铝材料相比，它具有更高的耐腐蚀性和抗剥落性，因而其使用性能大大超过沥青浸渍高铝质滑板砖，所以被迅速应用到生产实践中。

Al_2O_3 - C 质滑板砖主要由烧结氧化铝再配入碳原料组成，采用有机结合剂如酚醛树脂为结合剂，成型后于还原气氛中烧成，并经过机械加工（磨平）而获得。

Al_2O_3 - C 质滑板砖的组织与特性主要是：

（1）当主原料以 Al_2O_3、莫来石和热膨胀性小的红柱石组成时，通常其总量为 90% 的产品具有最好的综合质量指标，如图 3 - 7 所示。

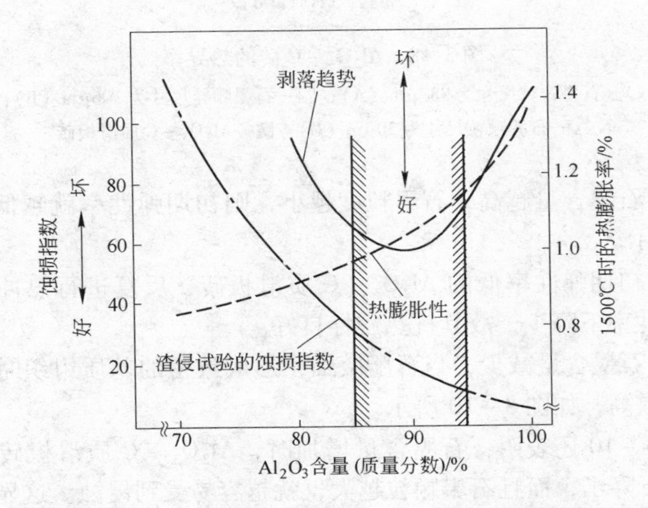

图 3 - 7 Al_2O_3 含量与高 Al_2O_3 滑板质量的关系

（2）Al_2O_3 - C 质滑板砖中的碳配入量为 3% ~12%，表明 Al_2O_3 - C 质滑板砖的显微结构与材料特性之间的关系是：

1）石墨含量大于10%时，石墨粒度越小其热导率就越低，如图3-8所示。相反，石墨含量小于10%时，骨料形成连续相，则石墨含量和粒度的依存性减少。

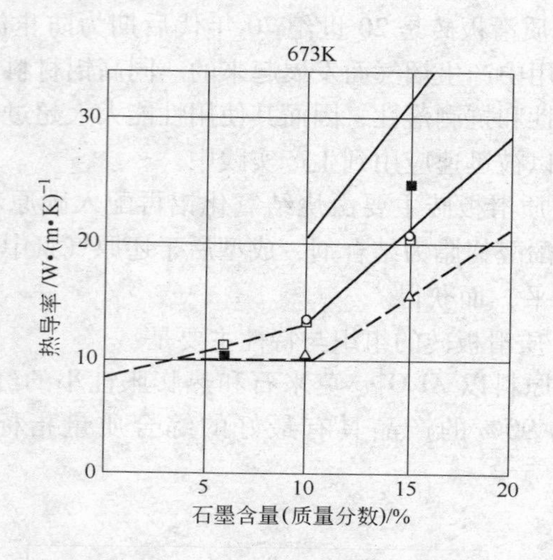

图3-8 Al_2O_3-C砖的热导率

○—石墨颗粒尺寸为387μm（A）；□—石墨颗粒尺寸为106μm（B）；△—石墨颗粒尺寸为30μm（D）；■—Al_2O_3-C质滑板砖

2）石墨含量越高，石墨粒度越小，则初期弹性率就越低，如图3-9所示。

3）初期弹性率低的Al_2O_3-C质滑板砖，反复进行热冲击试验时的弹性率下降少，故其抗热震性良好。

4）石墨含量减少，当石墨微细化形成致密的基质组织时，则耐侵蚀性提高，如图3-10所示。

图3-10还表明，石墨含量增加时，Al_2O_3-C质滑板砖的抗侵蚀性却下降了，而且石墨颗粒越大，就越容易受到侵蚀。这显然是由Al_2O_3-C质滑板砖的结构造成的。因为当石墨含量高时，石墨粒度对它们的显微结构影响大，这说明Al_2O_3-C质滑板砖的蚀损机理是石墨先行失损。在对Al_2O_3-C质滑板砖的显微结构观察时发现，当石墨粒子大时，充填的石墨容易变形产生疏松结构；而石墨粒子小

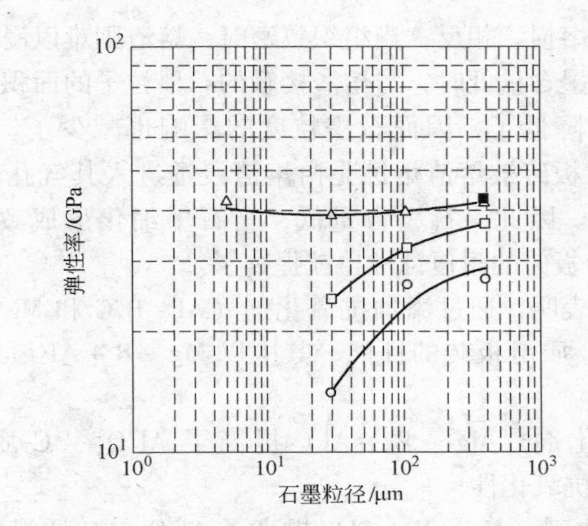

图 3-9 石墨粒度和含量与弹性率的关系

○—石墨含量为 15%；□—石墨含量为 10%；
△—石墨含量为 6%；■—Al_2O_3 - C 质滑板砖

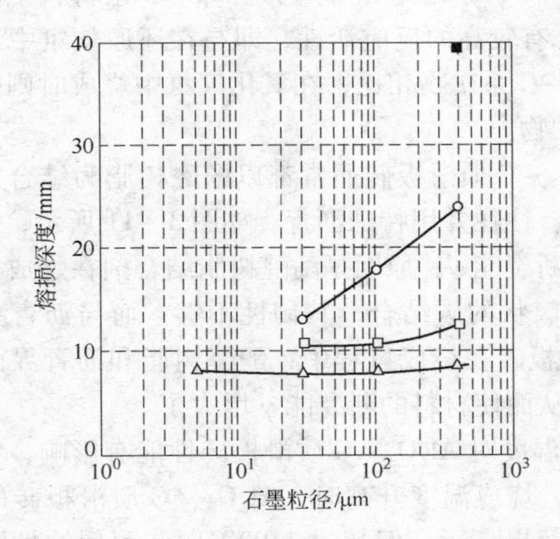

图 3-10 Al_2O_3 - C 砖的熔损情况

○—石墨含量为 15%；□—石墨含量为 10%；
△—石墨含量为 6%；■—Al_2O_3 - C 质滑板砖

时，则容易形成致密基质。因此，石墨充填疏松的部分容易被熔渣浸透，导致先行熔损。相反，当组织致密时，熔渣则难以浸透。在这种情况下，当石墨含量低时，与熔渣接触的石墨粒子的面积较少，所以熔损速度也就降低了，因而石墨粒度的影响也减少了。由此看来，Al_2O_3－C质滑板砖被熔渣熔蚀是由熔渣浸透进入其气孔内，石墨先行氧化引起的。因此，石墨含量低，当石墨细化形成致密基质时，Al_2O_3－C质滑板砖的耐侵蚀性也就提高了。

研究结果表明，通过添加抗氧化剂（Al、B_4C和Mg－B等）能改善Al_2O_3－C质滑板砖的性能，其中以Mg－B＋Al最好，主要表现在：

1）抗氧化剂（Mg－B＋Al）提高了Al_2O_3－C质滑板砖在1000℃以内的抗氧化性；

2）抗氧化剂（Mg－B＋Al）提高了Al_2O_3－C质滑板砖的高温强度；

3）抗氧化剂（Mg－B＋Al）提高了Al_2O_3－C质滑板砖的抗水化性（同添加单一Al相比）。原因是Mg－B系材料中的非晶质硼与配料中金属Al有较高的反应活性，即与在还原气氛中烧成时生成了大量的Al－B－C系矿物相比，在氧化气氛中烧成时则生成了大量的Al－B－O系矿物。

（3）Al_2O_3－C质滑板砖通常都以酚醛树脂为结合剂，但为了提高它们的性能，往往并用特殊沥青。如图3－11所示，因为两者并用提高了材料的断裂能γ，原因是酚醛树脂结合剂在烧成过程中所形成的碳组织是玻璃状的碳结合，其韧性不够。而与沥青并用时，由于Al_2O_3－C质滑板砖在烧成过程中，酚醛树脂和沥青界面出现了精细的镶嵌结合，从而使材料的断裂能γ增大了。

（4）烧成温度对Al_2O_3－C质滑板砖性能有影响，如图3－12所示。图中表明，烧成温度升高时，Al_2O_3－C质滑板砖的耐侵蚀性和常温耐压强度都提高了。但超过1100℃时，耐侵蚀性降低，同时抗水化性和抗热震性也显著降低。当烧成温度低于850℃时，由于氧化作用，Al_2O_3－C质滑板砖的组织结构趋于显著破坏，这将降低滑动能力，增加滑动面的异常损毁。因此，Al_2O_3－C质滑板砖适宜的烧成温度为850～1100℃。

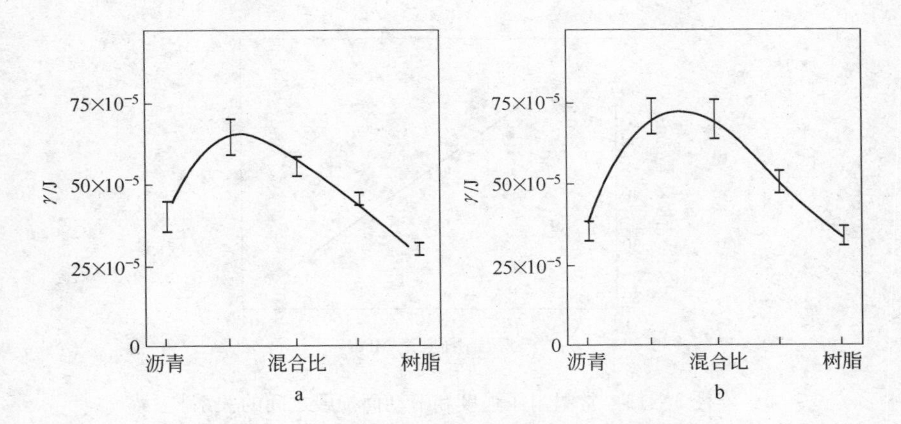

图 3 - 11 Al_2O_3 - C 材料沥青、酚醛树脂比和断裂能的关系

a—常温；b—1400℃

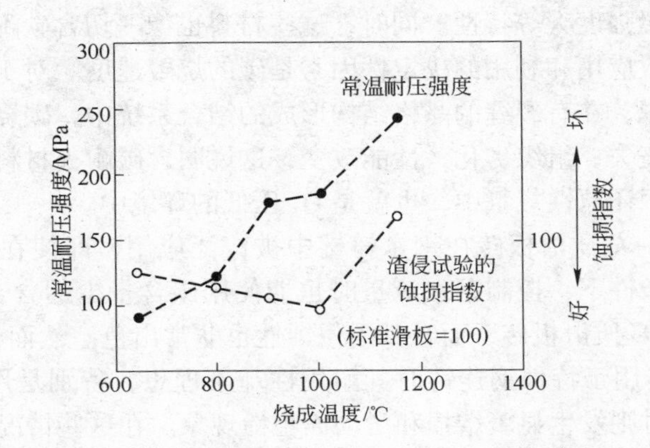

图 3 - 12 烧成温度与常温耐压强度和耐蚀性之间的关系

为了提高质量，有的 Al_2O_3 - C 质滑板砖浸渍了沥青，以增加填充密度和强度。分析用大型 Al_2O_3 - C 质滑板砖时发现，其滑动面的损毁随着显气孔率的降低或常温耐压强度的提高而减轻，如图 3 - 13 所示。但强度增加会使 E 模数也增加，从而降低 Al_2O_3 - C 质滑板砖抗热震性，这就导致了滑板砖边缘的损毁和滑动面龟裂的发生也随之增加，因而难以使平均使用寿命显著提高。

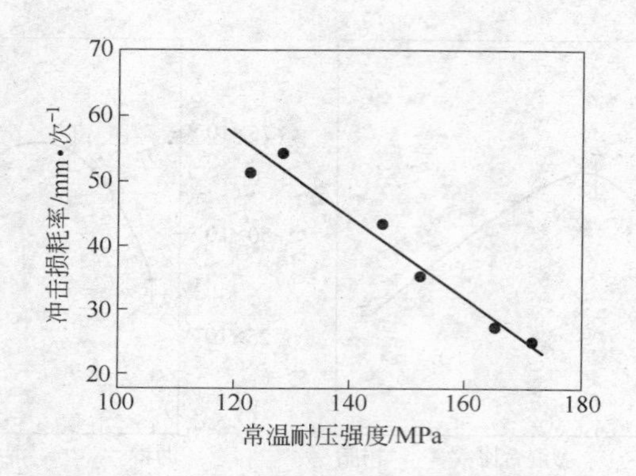

图 3－13　常温耐压强度和滑动面损毁之间的关系

c　Al_2O_3－C 质滑板砖的应用

Al_2O_3－C 质滑板砖（碳结合）一般要求具备耐热震性好、耐蚀性高、高温强度大等特性。同时，这些材料也像一切含碳耐火材料一样，其有效应用和利用的决定性因素是碳的烧毁速度。对于碳结合的耐火砖来说，在有裂缝的晶格结构形成的结合系统中，碳烧毁会导致结合体系丧失，组织劣化，性能改变，这说明含碳耐火材料能够并且应当应用于还原性气氛中，也就是 O_2 压低的环境中。

Al_2O_3－C 质滑板砖在钢水铸锭中被广泛应用，即使在高强度吹氧连铸的条件下，控制钢水流量时也能使用碳含量少的含金属 Al 等的 Al_2O_3－C 质滑板砖，而且其耐侵蚀性也非常出色。然而，Al_2O_3－C 质滑板砖用于特种钢连铸时其耐用性却不理想，特别是用于 Ca 处理钢种等时则发生显著熔损和滑动面粗糙现象。在这些情况下，就必须要开发更耐用的滑板砖以适应这种严酷的使用条件。在这种情况下，现在广泛使用了耐用性能更高并含有 ZrO_2 的滑板砖（Al_2O_3－ZrO_2－C 质滑板砖，多数在 1000℃以上的高温烧成），其强度是依靠作为结合剂——酚醛树脂产生的碳结合以及添加的金属 Si 和 Al 等发生反应烧结而产生的金属结合、还有碳化物来实现，因而其耐用性比较理想。然而，在 500～1000℃轻烧的同材质虽然也可以用作大型耐火材料（与烧成材质相比，其耐用性和抗氧化性较高，常温强度也有所改善），而且在高氧钢铸锭中使用，其耐用性甚至还超过了烧成材质，但用作浇铸普通钢用的大孔径滑板砖时，却能看见水口内孔周围出现了异常龟裂，孔径也比烧成材质有明显扩大的现象。其损毁形态具有如下特征：

(1) 水口孔周围出现异常龟裂（环状龟裂）。

(2) 水口孔的孔径扩大（滑动方向侧和滑动方向对应侧的损毁大）。

(3) 从水口孔开始形成放射状龟裂。

(4) 下滑板砖止滑区出现环状龟裂。

其原因被认为是材质的线膨胀系数高和注入钢水时发生了烧结，应力集中于水口孔周围。当应用低热膨胀性原料并增加碳配入量时，由于高温强度和耐热震性高于烧成 Al_2O_3－C 质水口砖，所以其损毁程度得到改善。

B Al_2O_3－C 浸入式水口砖

a Al_2O_3－C 浸入式水口砖的制造

浸入式水口砖（用于中间包与结晶器之间的水口砖）、长水口砖（用于钢包与中间包之间的水口砖）和滑动水口砖等被称为连铸用耐火材料“三大件”，是炼钢过程最终阶段所使用的耐火材料。它们与其他耐火材料不同，大多是作为各自单一构件使用的。

在引入连铸法的初期阶段，作为连铸用水口砖，根据抗热震性高、不预热也能使用的要求，采用熔融石英质水口砖。但存在对于 Mn 含量高的钢种耐用性极差的缺点，由于炼钢技术的发展，要求多炉连铸以及生产洁净钢等，因而迫切要求提高水口砖的耐用性，为此开发了耐用性高的 Al_2O_3－C 质水口砖（AG 质水口砖），作为主流水口砖一直沿用到现在。

b 连铸对 Al_2O_3－C 浸入式水口砖的要求

为了能承受连铸钢的操作条件，Al_2O_3－C(AG)质耐火材料应具有：

(1) 对结晶器熔渣具有良好的抵抗能力。

(2) 具有优良的抗热震性，能承受铸钢开始时剧烈的热震条件。

(3) 对钢液有良好的抗侵蚀性。

(4) 在预热和实际操作期间，具有较佳的抗氧化性和抗弱化能力。

（5）具有足够的机械强度。

因此，当今都以石墨、氧化铝为原料，以酚醛树脂为结合剂，并添加抗氧化剂后经混合，等静压（CIP）成型及烧成，通过机械加工，制成长水口砖、整体塞棒和浸入式水口砖。

这种成型（CIP）法，对于大型整体制品，实现了内部组织均一，质量稳定的要求。

对于浸入式水口砖来说，通常在其下部（在实际操作过程中同结晶器熔渣接触部位），一般都覆盖对结晶器熔渣具有良好抵抗能力的锆石墨（ZG）质耐火材料。

连铸耐火材料产品的开发使等静压（CIP）成型工艺引进到耐火材料的制造中。这是因为：

（1）长水口砖、浸入式水口砖和整体塞棒的长度/直径比太大，不能用普通双面液压机压制，只有采用等静压（CIP）压制时才能使压制面上的压力均匀，砖坯各个部位的断面上，其体积密度均匀一致。

（2）等静压（CIP）可以压制结合剂含量低、塑性差的较难压制的高石墨含量刚玉－石墨质泥料。

（3）由于长水口砖、浸入式水口砖和整体塞棒为高石墨含量的刚玉－石墨质材料，只有采用等静压（CIP）成型才能避免砖坯产生层裂，保证砖坯质量。

上述高石墨含量的刚玉－石墨质泥料主要采用湿袋法等静压成型长水口砖、浸入式水口砖和整体塞棒，其成型工艺过程如图3－14所示。

图3－14表明长水口砖、浸入式水口砖和整体塞棒的全部成型过程分为：

（1）装模。将粉料装入一橡皮模中，成型大件时，模具放在一支持箱中。

（2）封闭模具。将已装好的模子用封闭塞封上，在个别情况下，要抽真空去掉部分气体之后再封上。

（3）放入高压容器。将封好的模子连同支持箱放入高压容器内，再让高压容器内部充满液体。

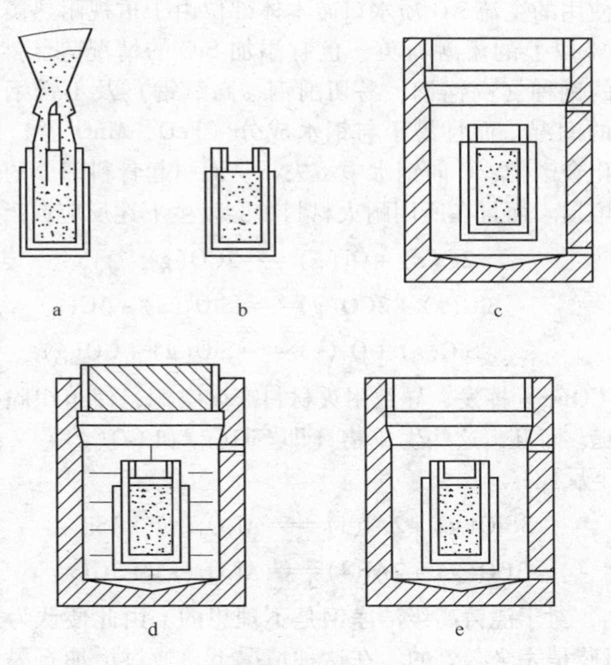

图 3 - 14 湿袋法等静压过程示意图

a—装模；b—封闭塞紧模具；c—放入高压容器；
d—加压；e—取模

(4) 加压。高压容器盖上盖子后，液体和模子同时受压力作用，粉体受来自各个方向压力的压缩而成为致密坯体。

(5) 取模。去掉压力容器内液体的压力以后，空气从坯体的气孔中逸出并围绕在坯体周围，橡皮模回复到原来形状，取出支持箱后就可以取出坯体。

c 连铸水口砖的应用

浸入式水口砖是以防止钢水氧化、飞散、调整结晶器内钢水流、促进夹杂物上浮及防止保护渣卷入为目的而使用的，在连铸用耐火材料中是最重要的功能耐火材料。因此，浸入式水口砖需要具备耐热震性，机械强度高，抗侵蚀，耐磨损，对保护渣的耐蚀具有较高的抵抗能力等特性。

至今使用的主流 AG 质水口砖本体部位由于重视耐热震性，通常都添加 10% 以上的熔融石英，也有添加 SiC 的情况等。然而，SiO_2 在含氧高的钢种（高锰钢、易切削钢、高氧钢）及不锈钢中，由于易被钢水的润湿，而且易于与钢水成分（FeO、MnO 等）反应而生成低熔点化合产物，C 向钢水中熔失，从而引起骨料部分的熔出而显著助长了熔损。而且在所用耐火材料中会发生下述反应：

$$2C(s) + O_2(g) = 2CO(g) \qquad (3-1)$$

$$SiC(s) + 2CO(g) = SiO_2(s) + 3C(s) \qquad (3-2)$$

$$SiC(s) + O_2(s) = SiO(g) + CO(g) \qquad (3-3)$$

SiO(g)和 CO(g) 挥发，导致耐火材料产生空洞，使组织脆化，助长了表面粗糙。而且，这些生成物（即 SiO(g)和 CO(g)）又会在钢水中发生以下反应：

$$3SiO(g) + 2Al(l) = Al_2O_3(s) + 3Si \qquad (3-4)$$

$$3CO(g) + 2Al(l) = Al_2O_3(s) + 3C(s) \qquad (3-5)$$

生成 Al_2O_3，对于浇铸高级洁净钢是不理想的。由此便认为开发无硅 AG 质水口砖是完全必要的。在这种情况下，通过增加石墨含量，既可保持 AG 质水口砖抗热震性，同时也能达到高耐蚀性的要求。

连铸中，为了防止结晶器内的钢水氧化，保持结晶器与铸坯间的润滑，防止铸坯表面产生缺陷及吸收非金属夹杂，则投入了保护渣(低碱度、低熔点、低黏度)，这便显著增加了在熔渣及钢水界面部位水口砖的侵蚀。尤其是 AG 材质难以适应这种情况，所以在渣线部位按照需要的厚度配合 ZG 材质而制作双层复合式水口砖。通常，配合材质采用抗蚀性强的锆碳质（ZG 材质），详见图 3-15。

由于操作技术的提高和耐火材料的改进，连铸比例大大提高，长水口砖的使用次数也随之提高。然而当不同钢种的连铸增加和低连铸下浇铸数量的增加时，便要求延长长水口砖的使用次数。不过，长水口砖在这种反复加热—冷却（室温)—加热的苛刻使用条件下使用时，会导致总浇铸次数降低。其原因是滑板砖的收缩导致钢水偏流所引起的钢水冲刷以及内孔弯月面部位钢水流的冲击区等造成长水口砖内孔熔损。而钢水中的氧量和锰量多时也会造成熔损显著。其中碳

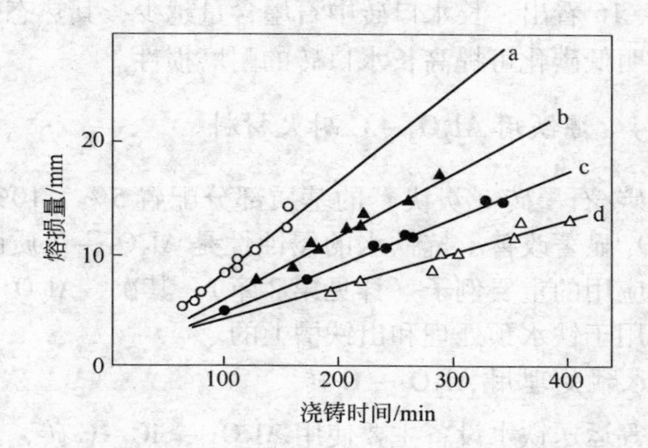

图3-15 含有不同ZrO_2量的浸入式水口在保护渣线的侵蚀深度

a—熔融石英质；b—ZrO_2 60%；c—ZrO_2 70%；d—ZrO_2 80%

氧化：

$$FeO + C = Fe + CO \qquad (3-6)$$

$$MnO + C = Mn + CO \qquad (3-7)$$

而导致长水口砖的组织脆化，造成其熔损，这对长水口砖的熔损有很大影响。其中，钢水引起长水口砖的磨损受到砖中碳含量的影响，如图3-16所示。

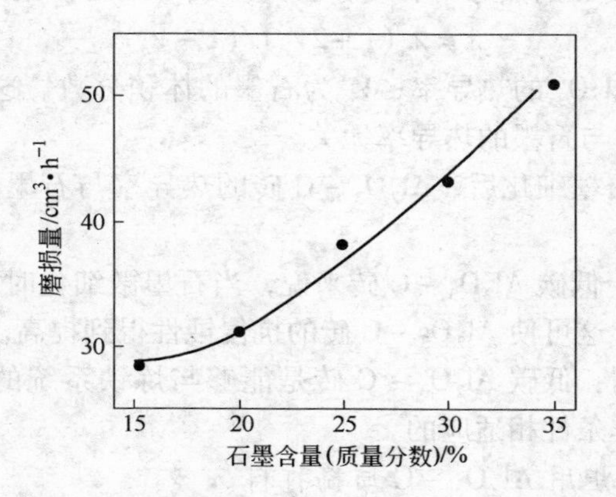

图3-16 石墨含量和磨损量之间的关系

由图3－16看出，长水口砖中石墨含量越少，其热态磨损量也就越少，这表明低碳化可提高长水口砖的耐磨损性。

3.3.2.4 炼铁用 Al_2O_3－C 耐火材料

在高炉碳/石墨砖（炭块）的基质部分配置5%～10%（质量分数）的 Al_2O_3 显著改善了抗铁水的侵蚀性是 Al_2O_3－C 质耐火材料在炼铁系统中应用的重要例子（详见第2章）。其次，Al_2O_3－C 质耐火材料也有应用于铁水预处理和出铁槽上的。

A 铁水预处理用 Al_2O_3－C 砖

铁水罐等运送铁水设备主要使用 Al_2O_3－SiC－C 砖，然而当这类耐火材料应用于大型铁水罐、混铁车上，遇到加热和冷却条件较苛刻时，则容易产生裂纹，导致结构剥落。另外，因为用于大型铁水罐、混铁车上的 Al_2O_3－SiC－C 砖，其碳含量往往为15%，热导率高达17～21W/(m·K)（800℃），因而存在降低铁水温度和使大型铁水罐、混铁车铁皮变形的问题。其对策是通过除去高导热成分——SiC，同时降低石墨含量以及使石墨细化来谋求低导热化。

通过基础研究得出：

(1) Al_2O_3－C 砖中石墨含量（质量分数）小于10%时，其组织结构由 Al_2O_3 组成连续基质，而碳则以星点状充填于基质之中。此时，Al_2O_3－C 砖的热导率 λ 可近似地由式（3－8）来计算：

$$\lambda=\lambda_a(1+2V_c)/(1-V_c) \tag{3-8}$$

式中，λ_a 为 Al_2O_3 的热导率；V_c 为石墨的体积分数。这表明 Al_2O_3－C 砖的热导率与石墨的热导率无关。

(2) 当石墨细化后，Al_2O_3－C 砖的热导率与石墨颗粒的依存性较小。

(3) 对于低碳 Al_2O_3－C 砖来说，当石墨微细化时即可形成致密的结合基质，这可使 Al_2O_3－C 砖的抗侵蚀性得到提高。

由此说明：低碳 Al_2O_3－C 砖是能够与炼铁系统的大型铁水罐、混铁车等操作条件相适应的。

B 化铁炉用 Al_2O_3－C 质捣打料

早期，高炉出铁沟采用高铝－C质不定形耐火材料筑衬，后来被

更耐用的 Al_2O_3 - SiC - C 质耐火材料所取代。不过，化铁炉用 Al_2O_3 - C 质捣打料筑衬一直沿用至今。

Al_2O_3 - C 质捣打料的骨料主要选择刚玉、烧结氧化铝、烧结铝矾土熟料和黏土熟料等，而以沥青、焦炭粉、石油焦、炭粒和石墨等作为碳组分，其配入量取决于使用要求。

为了改善 Al_2O_3 - C 质捣打料的施工性能和保证用这类捣打料捣制的内衬在使用过程中的体积稳定性，则向配料中添加结合黏土，其加入方式有同氧化铝共同细磨的或者与炭素材料一起直接配入的。

Al_2O_3 - C 质捣打料的结合剂可以选用有机结合剂，也可以选用无机结合剂，或者两者并用。通常，磷酸、磷酸盐、硅酸盐、硫酸盐等作为无机结合剂被使用。

表 3 - 1 列出了几种重要的 Al_2O_3 - C 质捣打料的性能，它们是按表 3 - 2 列出的方案设计的。表 3 - 1 列出的抗渣试验结果是采用坩埚法得出的，所用的化铁炉炉渣化学组成为：SiO_2 41.98%，Al_2O_3 10.94%，CaO 39.25%，MgO 2.23%，MnO 2.26%，FeO 3.02%，K_2O 0.28% 和 Na_2O 0.11%。

表 3 - 1 含碳捣打料的性能

试样编号	耐压强度 /MPa	显气孔率 /%	体积密度 /g·cm^{-3}	1580℃时对化铁炉渣的抗渣性（按面积测定的）/mm^2	
				侵蚀	浸润
1	6.4/16.9	15.5/24.5	2.72/2.59	49	106
2	5.9/17.1	16.2/27.5	2.56/2.33	60	135
3	5.3/15.4	16.5/28.1	2.55/2.32	64	185
4	6.4/12.4	17.4/28.4	2.60/2.30	78	203

由表 3 - 1 看出，由捣打料 1→捣打料 4，其抗渣性有下降趋势，说明 Al_2O_3 - C 质捣打料中 Al_2O_3 含量下降时相应的抗渣性也会降低。但在 30t/h 的高生产能力的化铁炉的炉底、炉缸和流铁槽内衬上使用的结果却表明，表 3 - 1 中所列出的全部材质的使用寿命，与通常使用的电熔 Al_2O_3 - C 质捣打料的使用寿命不相上下。

表3-2 捣打料的化学组成

捣打料编号	捣打料组成（质量分数）/%					
	粗粒部分	细粒部分	Al_2O_3	Fe_2O_3	P_2O_5	灼减
1	电熔刚玉	电熔刚玉和黏土	88.2	0.8	2.68	12.2
2	铝矾土熟料	电熔刚玉和黏土	78.2	2.11	2.50	10.5
3	铝矾土熟料	铝矾土熟料	75.2	2.27	2.37	10.9
4	蓝晶石熟料	电熔刚玉和黏土	66.3	1.85	2.74	12.0

3.4 Al_2O_3-C耐火浇注料

当碳成为耐火浇注料的主要组分时，由于碳特别是鳞片状石墨与水的不浸润性（疏水性），所以耐火浇注料中碳含量增加会使其用水量显著增加，进而导致耐火浇注料的气孔率和强度等一系列性能劣化。因此，含碳耐火浇注料中碳的配入量受到限制。一般局限于5%以下的碳配入量，而且较多地采用沥青、焦炭粉、石油焦、炭粒和炭黑等与水浸润性相对较好的炭素材料。为了提高 Al_2O_3-C质耐火浇注料的抗渣性和抗氧化性，认为需要选用石墨特别是鳞片状石墨作为碳源，但要预先对石墨进行亲水处理，有以下几种方法可供选择：

（1）表面活性剂的亲水处理。用水作为石墨分散质是将一种有机聚合高分子表面活性剂溶入其中，对石墨进行一定时间的浸泡使其表面吸附一层亲水的该表面活性剂薄膜，最后在特定温度下干燥处理，从而使石墨表面具有亲水的特性。

也可以应用溶胶-凝胶涂覆技术，使氧化物涂覆在石墨表面上，提高石墨的亲水性，这有以下几种方法：

1）借助于水中 $Al(OC_3H_7)_2(C_6H_9O_3)$ 等水解，制备氧化铝凝胶。石墨和不同量的凝胶在混合机中以2000r/min旋转5min，然后在100℃×3h下干燥，再加热到500℃，使凝胶转变为氧化铝涂层。

2）在相同的旋转混合机中将石墨和不同量的烷氧基钛［$Ti(OC_4H_9)_9$］混合，在空气中加热，在石墨表面的烷氧化物和常压水反应，形成 TiO_2 涂层。

3）通过控制氯氧化锆（$ZrOCl_2 \cdot 8H_2O$）水溶液的水解制备 ZrO_2

涂层。为了解决 ZrO_2 对石墨湿润性低的问题，则向溶液中加入 PVA 以强化 Ti^{4+} 离子的吸附。

（2）表面涂层改性。主要有以下几种重要方法：

1）化学蒸气沉积（CVD）SiC 涂层技术；

2）Si 和 C 直接反应法；

3）高速撞击法。

（3）将相应的湿润剂同石墨混合，并将该混合料挤压或者造粒以及将废 Al_2O_3-C 砖破碎所获得的废 Al_2O_3-C 砖料粒等用于生产 Al_2O_3-C 质耐火浇注料时可有效降低其需水量。

表 3-3 示出了一种石墨颗粒的性能，说明将石墨聚集成块可大大改善其亲水性。并且，石墨颗粒的气孔率也不高，体积密度比石墨粉高得多，与碳化硅、刚玉等原料的密度相比相差不大。这样，石墨颗粒与其他原料搅拌和成型时不会因为密度差别很大而产生颗粒偏析的问题。

表 3-3 石墨颗粒的性能

性 能	碳含量/%	体积密度/$g \cdot cm^{-3}$	显气孔率/%	石墨漂浮层体积/mL
数值	30	2.60	6	6

表 3-4 归纳了含碳的 Al_2O_3-C 质耐火浇注料的主要技术内容，可作为我们设计含碳的 Al_2O_3-C 质耐火浇注料时的参考。

表 3-4 含碳耐火浇注料的主要技术内容

项 目	内 容
碳原料	沥青、焦炭粉、炭黑、酚醛树脂的加水量低，无定形碳和天然鳞片状石墨的加水量高
减水剂	有机系 pH=8~10 减水剂，萘磺酸盐甲醛缩合物，聚丙烯酸钠
碳原料的亲水处理	采用高速气流冲击法、溶胶和凝胶、点滴喷雾法等工艺，在石墨粉表面形成 SiC、TiO_2、SiO_2、B_4C 等氧化物或非氧化物的亲水性涂层；选成碳颗粒；石墨粉表面包裹加水量较少的沥青或炭黑；将碳和氧化铝、树脂等其他物质一起进行选粒压块；将用后 Al_2O_3-C 或 $MgO-C$ 材料破碎后加入
抗氧化剂	Si，SiC，Al（表面涂敷有机涂层），Al-Si 合金（表面经过处理），B_4C、ZrB_2 硼化物，少量 Al+Si

姚金甫和田守信等以表3-3中的石墨颗粒为主原料，配成含碳的 Al_2O_3-C质耐火浇注料，其性能指标如表3-5所示［抗渣试验采用坩埚法（侵蚀剂为中间包渣）］。

从表3-5看出，Al_2O_3-C质耐火浇注料中随C含量的增加，用水量提高，气孔率上升，强度也随之降低。但通过采取一些措施，却可使碳含量为20%的 Al_2O_3-C质耐火浇注料经高温烧成后，其强度也可达到较好的水平。

表3-5 高碳含量耐火浇注料的性能

试样号		AC-1	AC-2
碳含量/%		11	20
加水量/%		5.8	5.9
110℃，2h	抗折强度/MPa	6.4	2.9
	耐压强度/MPa	31.6	13.5
	体积密度/g·cm^{-3}	2.74	2.42
	显气孔率/%	15	18
1500℃，3h	抗折强度/MPa	6.8	7.5
	耐压强度/MPa	34.7	34.8
	体积密度/g·cm^{-3}	2.64	2.39
	显气孔率/%	21	22
	线变化率/%	+1.3	-0.1

图3-17示出了碳含量与 Al_2O_3-C质耐火浇注料侵蚀指数之间的关系，以含碳量为20%的 Al_2O_3-C质耐火浇注料的耐侵蚀性相对较好，当 Al_2O_3-C质耐火浇注料中碳含量为23%时，其耐侵蚀性却下降了，原因可能是由于成型时需要较多的用水量，导致气孔率提高了，熔渣容易浸透材料内部而加快了侵蚀过程。这也说明，为了有效发挥高碳含量 Al_2O_3-C质耐火浇注料抗侵蚀性好的优点，必须设法控制和减少其气孔率。

由此看来，采用石墨颗粒来降低 Al_2O_3-C质耐火浇注料的用水

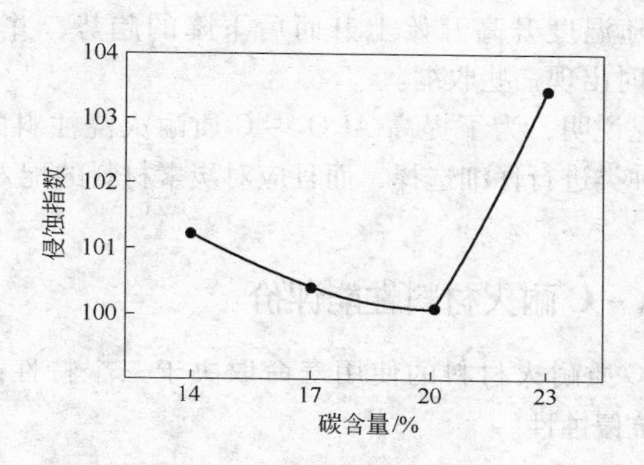

图 3－17　碳含量与抗侵蚀性的关系

量是很有效的，其不足之处是石墨颗粒是以毫米级大小加入的，在微观上难以达到石墨的均匀分布。因此，其抗侵蚀性和机械强度不会太理想。另外，石墨颗粒本身的密度较低（表 3－3），高的残存气孔率会导致最终的 Al_2O_3-C 质耐火浇注体中高的不规则气孔分布。

体积稳定性是耐火浇注料使用中的一个重要指标，图 3－18 示出了 Al_2O_3-C 质耐火浇注料（4% C）分别在空气和氩气环境中的电炉内以不同的温度烧成后的永久线变化率（PLC），表明该类耐火浇注

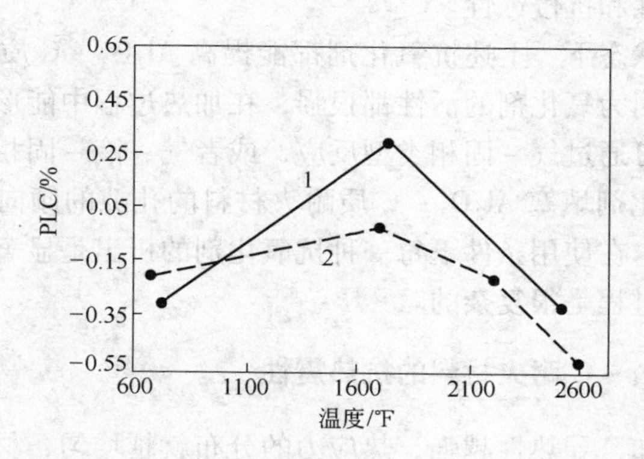

图 3－18　Al_2O_3（$-SiO_2$）$-C$ 质耐火浇注料煅烧后的永久线性变化

1—在空气中；2—在氩气中

料的 PLC 有随温度升高开始上升而后下降的趋势，并在约 1000℃（1830℉[1]）时出现一些收缩。

上述情况说明，为了提高 Al_2O_3 – C 质耐火浇注料的使用性能，需要对碳源种类进行仔细选择，而且应对炭素材料的配入量进行相应控制。

3.5 Al_2O_3 – C 耐火材料性能评价

Al_2O_3 – C 质耐火材料的使用寿命取决于三个特性：抗氧化性、抗热震性和抗侵蚀性。

3.5.1 Al_2O_3 – C 耐火材料的抗氧化性

Al_2O_3 – C 质耐火材料有效应用和利用的决定性因素是碳的烧毁速度，C 的特性表明含碳耐火材料能够并且应当应用于还原性气氛中，也就是 O_2 压低的环境中。

Al_2O_3 – C 质耐火材料的抗氧化性可以通过添加抗氧化剂得到改善。广泛使用的抗氧化剂有金属（Al，Si，…）、合金（Si – Al，Al – Mg，…）、非氧化物（Mg – B，Al_4SiC_4，B_4C，…）。研究结果表明，对于 Al_2O_3 – C 耐火材料来说，Al 和 Mg – B 共同使用时具有更好的抗氧化性和抗侵蚀性。

在标准状态下，上述抗氧化剂都能提高 Al_2O_3 – C 质耐火材料的抗氧化能。因为氧化剂的活性都很强，在加热过程中能形成若干中间产物，它们可通过气 – 固相类型反应，或者气 – 液 – 固相类型反应来实现。抗氧化剂填塞 Al_2O_3 – C 质耐火材料的孔隙的倾向是抗氧化剂发展的本质。在使用条件下每一种抗氧化剂的析出是显著的，它取决于温度，但过程是很复杂的。

3.5.2 Al_2O_3 – C 耐火材料的抗热震性

众所周知，导热性越强，热应力的分布就越均匀，材料中产生的

[1] $\frac{t_F}{℉} = \frac{9}{5}\frac{t}{℃} + 32 = \frac{9}{5}\frac{T}{K} - 459.67$。

最大应力也就越小。

复合材料的热导率 λ 可以应用 Eucken 公式来预测；

$$\lambda=\lambda_c[1+2V_d(1-\lambda_c/\lambda_d)/(2\lambda_c/\lambda_d+1)]/[1-V(1-\lambda_c/\lambda_d)/(\lambda_c/\lambda_d+1)] \quad (3-9)$$

它表示 c 相中球状 d 相稀分散系的热导率。λ_d，λ_c 分别为 d 相，c 相的热导率。V_d 为 d 相的体积分数。

（1）对于 Al_2O_3-C 质耐火材料来说，由于石墨的热导率（λ_c）≫Al_2O_3 的热导率（λ_a）（表 3－6），在石墨形成连续相时，由式(3－9)即可推得其热导率 λ：

$$\lambda=\lambda_c(1-V_a)/(1+V_a) \quad (3-10)$$

式中，V_a 为 Al_2O_3 的体积分数。

式（3－10）表明 Al_2O_3-C 质耐火材料的热导率仅取决于石墨的热导率 λ_c 和 Al_2O_3 的体积分数，而与 Al_2O_3 的热导率 λ_a 无关。

表 3－6　试验砖的化学组成和材料的性质

化学名称	热导率 /$W\cdot(m\cdot K)^{-1}$	体积密度 /$kg\cdot m^{-3}$	化学组成（质量分数）/%		
Al_2O_3	30	3900	75	90	90
SiC	92	3210	10		
C（d）	180	2000	15	10	
C（d/4）	90	2000			10
气孔	0				6%（体积分数）

（2）相反，当 Al_2O_3 形成连续相时，Al_2O_3-C 质耐火材料（砖）的热导率 λ 可由式（3－8）进行预测。它表明 Al_2O_3-C 质耐火材料的热导率仅取决于 Al_2O_3 的导热率 λ_c 和石墨的体积分数，而与石墨的热导率 λ_c 无关。

（3）介于（1）和（2）之间的情况时，Al_2O_3-C 质耐火材料的热导率 λ 即由式（3－9）进行预测，只是需要将脚码 c 改为 a，d 改为 c 即可。

由式（3－8）～式（3－10）可以看出：对于 Al_2O_3-C 质耐火材料来说，石墨形成连续相时，其导热性最强；而 Al_2O_3 形成连续相时，其导热性最低。这说明：石墨形成连续相的 Al_2O_3-C 质耐火材料，可获得最佳的热应力分布状态，所以该材料由于热震所产生的最大热应力值就不会很高，也就是具有最佳的抗热震性能。而在其他情况下特别是低碳 Al_2O_3-C 砖，当需要高抗热震性时，就应配加低膨胀材料来改善抗热震性。

然而，Al_2O_3-C 质耐火材料（砖）属于多孔材料，大的应力梯度和短的持续时间意味着尽管断裂自表面开始，但也能在造成全部破坏之前被气孔或晶界或金属膜所阻止。在这种情况下，Hasselman 从具有潜在的材料在急剧加热时，在材料内部产生弹性能量和断裂消耗能量的关系，推导出裂纹扩展的临界温度差 ΔT_c 如下：

$$\Delta T_c = \{\pi\gamma_{eff}(1-2\mu)^2/[2E_0\alpha^2(1-\mu^2)]\}^{1/2} \times \{1+16[1-\mu^2NL/9(1-2\mu)]\} \times L^{-1/2} \quad (3-11)$$

式中，γ_{eff}为断裂能；μ 为泊松比；E_0 为气孔率为 0 时的弹性模量；α 为线膨胀系数；N 为裂纹密度；L 为初期裂纹长度（通常记为 L_0）。

当 L 甚小时，由式（3-11）可得出：

$$\Delta T_c = \{\pi\gamma_{eff}(1-2\mu)^2/[2E_0\alpha^2L(1-\mu^2)]\}^{1/2} \quad (3-12)$$

相反，当 L 甚长时，由式（3-11）便可得出：

$$\Delta T_c = [128\pi\gamma_{eff}(1+\mu)^2/(81E_0\alpha^2N^2L^5)]^{1/2} \quad (3-13)$$

Al_2O_3-C 质耐火材料（砖）是由氧化铝混合颗粒和石墨粒料组成的，因而存在大量气孔，并且在粗颗粒和结合基质之间存在比较大的裂纹（龟裂），因而其初期裂纹长度 L_0 较长，其裂纹扩展的临界温度差 ΔT_c 适宜的表达式为式（3-13）。

式（3-13）表明，当 Al_2O_3-C 质耐火材料具有低的 E 模数和低的线膨胀系数 α 以及高的断裂能 γ_{eff}时，其裂纹扩展的临界温度差 ΔT_c 则较高，因而具有高的抗热震性能；式（3-13）同时还表明，Al_2O_3-C 质耐火材料裂纹密度 N 大一些，初期裂纹 L 长一些，则其抗热震性亦会好一些。但若裂纹密度 N 过高，初期裂纹 L 过长，即会导致 Al_2O_3-C 质耐火材料的强度过低，而容易受到机械损伤。

3.5.3 Al_2O_3-C 耐火材料的抗侵蚀性

在（Al_2O_3-C 质耐火材料）-熔渣系统中，材料的蚀损被认为是氧化铝颗粒向熔渣中的熔出和含碳基质氧化脱碳的结果，其损毁形态是基质先行蚀损型。实际观察发现，用后残砖的工作面上往往除了极个别特大氧化铝颗粒之外，并不存在其他氧化铝颗粒突出于碳基质的组织中，而工作面附近的炉渣内却有游离的氧化铝颗粒存在。这就说明，Al_2O_3-C 质耐火材料中含碳基质氧化脱碳和氧化铝颗粒向熔渣中的熔出几乎是同时发生的。也就是说，Al_2O_3-C 质耐火材料中氧化铝颗粒向熔渣中的熔出速度除了本身的纯熔解反应速度外，还应包括氧化铝颗粒从含碳基质氧化脱碳而劣化的组织中脱落的移动速度。中尾淳等人认为，Al_2O_3-C 质耐火材料损毁机理可以用图 3－19 的模型来描述。

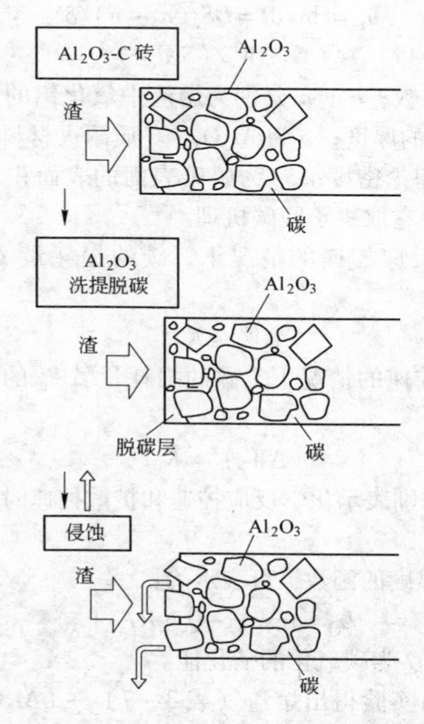

图 3－19 Al_2O_3-C 砖的损毁机理模型

按图 3－19 所示的模型，认为在静态条件下或者在氧化脱碳反应影响的情况下，控制 Al_2O_3-C 质耐火材料损毁速度，由于它受到含碳基质氧化脱碳反应和动态熔渣流动磨损的影响，所以氧化铝颗粒熔出反应和含碳基质氧化脱碳反应这两个主要原因应当结合起来考虑。按照中尾淳等人的观点，Al_2O_3-C 质耐火材料的蚀损速度 u_f 应等于：

$$u_f = K(L_c)^n u_b \tag{3-14}$$

式中，L_c 为含碳基质氧化脱碳层的厚度；u_b 为氧化铝颗粒向熔渣中的纯熔解的蚀损速度；K 为包括 Al_2O_3-C 质耐火材料性能的蚀损反应速度常数；n 为乘方指数，$n=0\sim1/2$。

在熔渣平面处，Al_2O_3-C 质耐火材料性能的蚀损反应速度可用下式来描述：

$$u_b = dn/dt = DS_c(n_s - n)/\delta \tag{3-15}$$

$$L_c = \Delta W_c/(S_c d_c \varepsilon) \tag{3-16}$$

式中，D 为扩散系数；n_s、n 分别为熔渣中氧化铝的饱和浓度和实际浓度；δ 为扩散层的厚度；ε 为 Al_2O_3-C 质耐火材料中碳的体积分布系数；d_c 为碳的理论密度；S_c 为脱碳表面的表面积；ΔW_c 为脱碳层中碳脱出的质量，它取决于脱碳机理。

（1）在化学反应控速的情况下，碳的损耗量 ΔW_c 与时间 t 成正比：

$$\Delta W_c = K_R t \tag{3-17}$$

（2）在扩散控速的情况下，碳的损耗量 ΔW_c 的平方与时间 t 成正比：

$$(\Delta W_c)^2 = K_D t \tag{3-18}$$

式中，K_R 和 K_D 分别表示化学反应控速和扩散控速时氧化脱碳的速度常数。

另外，L_c 是温度的函数，可表示为：

$$L_c = A\exp[-Q/(RT)] \tag{3-19}$$

式中，A 为常数；Q 为碳氧化的活化能。

中尾淳等人由实验得出熔渣（表 3－7）－（Al_2O_3-C 质耐火材料）（表 3－8）系统中的 L_c：

$$L_c = 18398.1\exp[-38036.4/(RT)] \tag{3-20}$$

在一般情况下，Al_2O_3-C 质耐火材料的蚀损速度 u_f 存在以下几种情况：

表 3-7 试验渣的化学成分 （质量分数,%）

试验渣	SiO_2	Al_2O_3	MgO	总 Fe	CaO	CaO/SiO_2
A	33	15	5	5	42	1.3
B	32	15	5	7	40	1.3
C	30	15	5	10	40	1.3
D	30	15	10	7	38	1.3
E	27	15	15	7	36	1.3

表 3-8 Al_2O_3-C 砖的性能

性能		数值
化学成分（质量分数）/%	Al_2O_3	90
	C	10
体积密度/$g\cdot cm^{-3}$		3.26
显气孔率/%		5.6
常温耐压强度/MPa		60.1

（1）在低碳的情况下，Al_2O_3-C 质耐火材料的蚀损速度由 Al_2O_3 熔解流失（扩散）控速，$n=0$，则：

$$u_f = K_M(n_s - n) \tag{3-21}$$

式中，K_M 为与 Al_2O_3 熔解流失有关的反应速度常数。

（2）在中碳的情况下，Al_2O_3-C 质耐火材料的蚀损速度由 Al_2O_3 熔解流失（扩散）和含碳基质氧化脱碳的化学反应共同控速，$0<n<1/2$，则：

$$u_f = K(L_c)^n DS_c(n_s - n)/\delta \tag{3-22}$$

（3）在高碳的情况下，Al_2O_3-C 质耐火材料的蚀损速度由碳基质的氧化脱碳反应控速，$n=1/2$，则：

$$u_f = K_C(L_c)^{1/2} \tag{3-23}$$

式中，K_C 为与碳氧化反应有关的速度常数。

由此可见，Al_2O_3-C 质耐火材料的损毁机理及其蚀损速度（使用寿命）对碳含量的依存性大，并随使用温度的升高而加剧。

4　碳－非氧化物系耐火材料

具有高熔化温度的非氧化物材料都是合成材料。可以认为，它们都能同碳搭配组成一种合适的复合耐火材料。然而，只有将碳/石墨与某种特定的非氧化物材料搭配构成某种复合耐火材料才能与相应的使用条件相适应。但至今，这一系列复合耐火材料中，除了 C－SiC、C－金属材料等为数不多的复合耐火材料以外，其他的碳－非氧化物系复合耐火材料并未获得广泛应用，甚至还未研究和开发。

4.1　C－SiC 耐火材料

SiC 是 C 和 Si 二元系中唯一的二元化合物。由图 4－1 中看出，SiC 只有一个液固异质的熔点（异成分熔点）2830℃。在常压下，从 2000℃起 SiC 已开始分解。在 1850℃ 时 SiC 上的 Si 蒸气压约为 10^{-6}MPa。

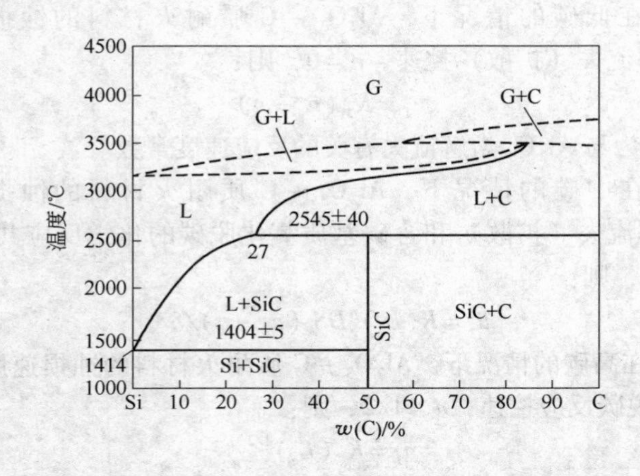

图 4－1　Si－C 系二元相图

图 4－1 表明，在 2830℃以下，C－SiC 系中任何 C/SiC 比的混合

物都不会产生液相，而是耐火性能非常高的复合耐火材料系列。

高炉用 C－SiC 系耐火材料（砖）可以采用碳/石墨砖（炭块）的生产工艺进行生产。根据 C－SiC 系耐火材料（砖）在高炉中的使用部位选择碳源和 SiC 材料以及 C/SiC 比。对于小型 C－SiC 砖，即按 Al_2O_3－C 砖或者 MgO－C 砖的生产工艺进行生产。这些 C－SiC 砖有时使用煤焦油沥青作为结合剂，但由于煤焦油沥青焦化生成的碳在铁水中熔解量大，故改用软化点较高（不低于130℃）的合成树脂为结合剂。为了尽可能减少成型时的气孔量，最好是热混练、热成型。

高炉以下部位使用的 C－SiC 砖的配方设计需要考虑如下情况：

（1）对于以提高抗碱性和耐铁水为目的的 C－SiC 系耐火材料（砖），当 SiC 的配置量（质量分数）超过 30% 时，存在着在烧成时产生收缩和裂纹的问题，所以应将 SiC 的配置量限定在 30% 以内。

（2）对于以采用水冷送风风口结构的高炉，由于冷却水流到炉底下部，使炉缸和炉底部位碳/石墨砖产生氧化，为解决这一问题，采用 C－SiC 系耐火材料（砖）。其原理是使 SiC 氧化，生成 SiO_2 伴随体积膨胀，达到致密化。不过，研究结果表明，由于配置 SiC 的目的是为了抑制碳/石墨砖（炭块）的氧化，所以 SiC 的配置量需要在 60% 以上。

（3）此外，在炉底，为了提高冷却效果，在炉子外侧也组合使用热导率高的石墨砖和 C－SiC 砖。

C－SiC 系耐火材料在其他热工窑炉上应用有限，此处不再介绍。

4.2　C－Si 耐火材料

由图4－1 看出，C 与金属 Si 相遇，当达到热力平衡时，在 $x(C)/x(Si)>1$ 时，为 C－SiC 混合物；而在 $x(C)/x(Si)<1$ 时，为 SiC－Si 混合物；在 $x(C)/x(Si)=1$ 时，为单一的 SiC 相。因此，由 C 和 Si 搭配混合生产 C－Si 系耐火材料时，其 $x(C)/x(Si)>1$，在绝对还原气氛中，当系统达到热力平衡时，物相应为 C 和 SiC，而不会存在 Si。

C－Si 系耐火材料是以碳素材料（无烟煤焦、沥青焦、无定形石墨、人选石墨、天然石墨等）和 SiC 物料搭配作为主原料而以有机树脂为结合剂（如酚醛树脂等）所生产的复合耐火材料。

研究结果表明，在碳骨料中配置金属硅，经成型后，于1150～1500℃埋炭（焦粉）烧成时，大部分金属硅与砖内的碳相结合，生成SiC。但是，与气孔相接触时存在金属硅同气孔内氧和氮的反应，则生成了Si-O-N系晶须。即与气孔相接触存在的金属硅先同气孔内的氧反应生成SiO_2，进一步与气孔相接触存在的其他金属硅反应生成SiO(g)。接着，SiO(g)又与气孔中的氮一起同熔出的金属硅反应生成Si_2ON_2晶须。正是这种Si_2ON_2晶须有效地减小了气孔的直径，明显提高了C-Si系耐火材料抗渗能力。

基于上述研究结果，认为以阻止铁水侵入碳/石墨砖（炭块）气孔中为目的，则通过向碳骨料中配置5%～10%的金属硅生产碳/石墨-Si砖，其气孔直径大部分都小于1μm（铁水侵入气孔直径的极限大小）。实验研究的结果确认，几乎没有发现铁水侵入这类碳/石墨-Si砖的内部，表明它们具有极佳的抗铁水渗透的能力。

此外，为了某种应用，碳/石墨也被与Al、Ti、Mo和Zr等金属混合使用以形成一种合适的复合耐火材料。由于应用领域有限，此处就不作详细介绍了。

4.3 碳复合ZrB_2和TiB_2质耐火材料

ZrB_2-C和TiB_2-C二元系统都是最简单（典型）的二元系统，其最低共熔点温度分别约为2390℃（位于$x(ZrB_2)=67\%$和$x(C)=33\%$处）和2507℃（位于$x(TiB_2)=68\%$和$x(C)=32\%$处）。这表明：整个二元系统混合物均可组成相对应的ZrB_2-C质复合耐火材料和TiB_2-C质复合耐火材料。

向ZrB_2材料和TiB_2材料中配入石墨即可制成相对应的ZrB_2-C质复合耐火材料和TiB_2-C质复合耐火材料，提高材料的抗热震性能。

ZrB_2-C质复合耐火材料和TiB_2-C质复合耐火材料能够使用碳还原氧化物法所制取的ZrB_2材料和TiB_2材料作为制造原料，这样工业大规模生产这两类复合耐火材料就有了低价位原料的来源，从而降低材料的制造成本有了可能。在ZrB_2-C质复合耐火材料和TiB_2-C

质复合耐火材料的制造方面，Kuwabara 等人研究过 ZrB_2 - 石墨砖，他们将 ZrB_2 粒料和鳞片状石墨混合，用酚醛树脂作结合剂，以 98MPa 的压力所成型的坯体在 2000℃ 以上的惰性气氛中烧成，获得了 ZrB_2 89%、C 9%，体积密度为 4.37g/cm^3，显气孔率为 11.9% 的 ZrB_2 - 石墨砖。这种耐火砖的常温耐压强度为 34.3MPa，高温（1260℃）抗折强度大于 36.6MPa，抗热冲击温度差 ΔT 达 1300℃。ZrB_2 砖（ZrB_2 含量为 98%）和 ZrB_2 - C 砖在不同温度时测得的电阻率都高于 ZrB_2（ZrB_2 含量为 98%）砖。

5 碳－氧化物－非氧化物系耐火材料

由碳－氧化物－非氧化物组合可以形成许多系列复合耐火材料，如 $Al_2O_3-SiC-C$[$Al_2O_3(-SiO_2)-SiC-C$]、$Al_2O_3-Si_3N_4(Si_3N_4-Fe)-C$、$Al_2O_3-Si_3N_4(Si_3N_4-Fe)-SiC-C$、$Al_2O_3-MgO-SiC-C$、$Al_2O_3-SP(MgO)-AlN-C$、$Al_2O_3-Spinel(N)-C$ 和 $MgO-SiC-C$ 系等复合耐火材料。其中 Al_2O_3（$-SiO_2$）$-SiC-C$ 系耐火材料早已成为炼铁工业的标准耐火材料，也是炼铁工业使用量最大的一类复合耐火材料。它们大量用于高炉炉底、高炉出铁口、高炉出铁沟、铁水包、铁水预处理鱼雷车以及冲天炉等内衬耐火材料。另外，Al_2O_3（$-SiO_2$）－SiC－C 质定形耐火材料（或者不烧砖）和 Al_2O_3（$-SiO_2$）－SiC－C 质不定形耐火材料（包括耐火捣打料、耐火干振料、耐火浇注料和耐火修补料/耐火喷补料以及出铁口炮泥等）也都广泛应用于炼铁系统的热工设备上。

5.1 A－S－C 砖

在炼铁工业中，$Al_2O_3(-SiO_2)-SiC-C$ 质定形耐火材料（简称 A－S－C 砖）广泛用作高炉炉底、高炉出铁口、铁水包、铁水预处理鱼雷车以及冲天炉等内衬耐火材料，高炉炉缸也使用过 A－S－C 砖，现分别简述于下。

5.1.1 高炉本体用 A－S－C 砖

在高炉本体中，A－S－C 砖主要应用于高炉炉缸、高炉炉底和高炉出铁口。

（1）日本黑崎窑业公司曾经开发出了耐剥落性和抗侵蚀性都好的 A－S－C 砖，在高炉炉缸处使用，取得了良好的效果。表 5－1 列出了高炉炉缸处使用 A－S－C 砖的性能，它表明由于在这类 A－S－C 砖中添加了金属 Si，因而在砖的气孔中生成 Si－O－N 系晶须，堵塞气孔。因此，这类 A-S-C 砖具有微孔结构，因而明显地提高了抗铁水浸透性能和抗侵蚀性能。表 5-1 中的结果同时还表明，当增加 A-S-C 砖中的碳含量时，还可进一步改善材料的抗侵蚀性能（这可从对比两种 A-S-C 砖性能中看出）。

表 5-1 高炉炉缸用 A-S-C 砖的性能

砖种	Al_2O_3-C-SiC 砖		高铝砖
	CRD-BFAL	CRD-$BFAC_{12}$	H_{34}KK
$w(Al_2O_3)$/%	72~77	80	69~72
$w(SiO_2)$/%	5~8	0.3	
$w(SiC)$/%	2~3	2.5	
f-C 含量（质量分数）/%	15~17	13	
体积密度/$g \cdot cm^{-3}$	2.75~2.80	3.08	2.55~2.60
显气孔率/%	11~14	9.8	14~17
耐压强度/MPa	63.8~84.9	45.9	98.1~127.5
抗折强度（1400℃）/MPa	11.3~15.7	9.0	
热膨胀率（1000℃）/%	0.45~0.60	0.47	0.45~0.55
透气度/$\mu m \cdot (Pa \cdot s)^{-1}$	8.8×10^{-6}	0.4×10^{-6}	8×10^{-4}
气孔直径/μm	0.095 >0.05μm，43.6%	0.09 >0.05μm，34.5%	2.0 >1μm，50%
蚀损指数（1600℃×1h）	61.9	39.5	100

（2）为了弥补高炉炉底碳/石墨砖（炭块）上层高铝砖抗热震性、抗碱性和抗渣性的不足，以防止炉底碳/石墨砖（炭块）的脆化为对策，日本黑崎窑业公司曾经探讨了以高铝砖为基础，添加碳素和 SiC 材料，开发出耐剥落性和抗侵蚀性都好的 A-S-C 砖（表 5-2）。

已经确认，使用比石墨热导率低的焙烧无烟煤焦作为该 A-S-C 砖中的碳源时具有较好的效果，其配置量（质量分数）约为 15%，这可使组织变得粗糙，降低热导率。若再提高碳含量即会导致热导率升高，对防止炉底碳/石墨砖（炭块）的脆化不利。同时，由于是以焙烧无烟煤焦作为该 A-S-C 砖的碳源，所以可降低 A-S-C 砖的弹性模量，提高抗热震性。

由表5－2看出，由于添加了金属Si，在烧成时使其生成晶须，实现了气孔微细化（平均气孔直径变为0.1μm），比高铝砖低得多。在坩埚式铁水加压浸透试验中得出，在0.69MPa的压力下，10min后，没有发现这类气孔微细化的A－S－C砖被浸透。

表5－2 A－S－C砖的性能

项目		A－S－C（炉底）	A－S－C（出铁口）	高铝耐
成分(质量分数)/%	Al_2O_3	72	60	71
	SiO_2	7		27
	SiC	4	5	
	f－C	16	28	
显气孔率/%		12.5	14.1	15.5
平均气孔径/μm		0.1	—	2.0
耐压强度/MPa		74	46	113
抗折强度/GPa		18	15	39
热膨胀率（1000℃）/%		0.5	—	0.5
热导率（600℃）/W·(m·K)$^{-1}$		5～6	17	2.3
抗碱试验(1300℃×5h×5周期)/%		3～4	2	8.3
浸渍试验指数（1600℃）		68	25	100

（3）一般情况下，高炉出铁口都采用黏土砖、高铝砖（特别是硅线石砖）砌筑内衬，但从炉役期满时高炉拆除的情况发现，出铁口内衬砖几乎都不存在了，蚀损部分已被炮泥及炉渣所代替。因为这些用于砌筑高炉出铁口的内衬砖的平均气孔直径较大，存在有铁水和炉渣容易侵入的缺点。为了确保出铁口深度，防止气体泄漏，使出铁口操作稳定，提高出铁口的耐用性，便开发出优质的A－S－C砖代替原来的黏土砖、高铝砖（包括硅线石砖）用于砌筑出铁口内衬。

这种砌筑出铁口内衬的高性能A－S－C砖是采用电熔氧化铝和天然鳞片状石墨（石墨配置量为20%～30%）为原料而制成的，其组成和性能见表5－2。由该表可见，由于采用电熔氧化铝作为氧化铝原料并增加了石墨配置量，因而其耐蚀性比高炉炉底用 A–S–C 砖高得多。实际应用结果表明，这种高性能 A–S–C 质出铁口内衬砖中的碳几乎没有氧化，使用效果非常好。

5.1.2 运送铁水设备用 A–S–C 砖

5.1.2.1 A–S–C 砖的制造

A–S–C 砖在炼铁工业中的另一重要应用是铁水输送（运送）设备。

运送铁水设备主要有铁水包、混铁车和铁水预处理鱼雷车等。当它们采用 A–S–C 砖筑衬时，A–S–C 砖是以氧化铝或高铝矾土和石墨以及碳化硅为原料，用酚醛树脂作结合剂，经过热混合、压制、热处理所获得的不烧成产品。

通常，这类 A–S–C 砖采用鳞片状石墨作为碳源，其配置量为 12%～15%。配料中 SiC 对 A–S–C 砖的耐蚀性和抗氧化性有明显的影响。

（1）当以表 5–3 的炉渣为侵蚀剂，采用高频电炉侵蚀试验（试验条件是：铁水温度为 1550℃，每隔 30min 更换表 5–3 所示出的渣 a，b，c 以及在加热时保温总时间合计 270min）得出的结果是：随着 SiC 配置量的增加，蚀损指数呈增大的趋势。

表 5–3 渣的化学成分 （%）

项 目	SiO_2	Al_2O_3	CaO	CaFe	Fe_2O_3	MnO	C/S
渣 a	37.3	6.0	34.7	2.0	3.2	15.0	0.9
渣 b	8.0	3.0	36.3	50.0	1.4	1.0	4.5
渣 c	18.0	3.0	2.1	74.0	1.4	1.0	0.1

（2）氧化试验（在大气气氛中以 SiC 为发热体的电炉中进行，试验条件为 1400℃ ×3h）的结果表明：随着 SiC 配置量的增加，氧化层的厚度变薄（质量减少率下降），说明 SiC 配置量越多，防止氧化的效果就越大，特别是 SiC 配置量在 6%～12%时就更是如此。

(3) 在不减少 SiC 的配置量的情况下，添加 Si_3N_4 可进一步改善 A-S-C 砖的性能：当 Si_3N_4 添加量由 3% 提高到 13% 时材料的抗蚀性逐渐提高，此后则下降；而抗氧化性则具有随着 Si_3N_4 添加量的增加而提高的趋势。

(4) 基质中氧化铝用电熔刚玉替换时可提高 A-S-C 砖的抗侵蚀性能。

(5) A-S-C 砖在铁水运输过程中的设备上实际使用的结果则表明：

1) 以棕刚玉为主原料制作的 A-S-C 砖，对于钙含量高的炉渣侵蚀的抵抗性比以铝矾土为主原料制作的 A-S-C 砖对于钙含量高的炉渣侵蚀的抵抗性好；

2) 在总（C+SiC）含量相同的情况下，提高 A-S-C 砖中 C/SiC 比时可改善其抗渣性能，但却严重影响了材料的抗机械磨损性能；

3) 向配料中添加 2%～3% Si 和 0.4%～0.6% B_4C 的外加材料可改善 A-S-C 砖在不同温度下的抗氧化性能；

4) 通过对于铁水运输设备（铁水包和鱼雷车）的不同部位内衬材质进行优化设计，便能够提高 A-S-C 砖的使用寿命，减少喷补次数，降低耐火材料的单耗。

5.1.2.2 应用对 A-S-C 砖配方设计的要求

当铁水包使用 A-S-C 砖筑衬时，在使用过程中不会发生砖缝拉开（开裂）的问题。而且由于石墨成分赐予了 A-S-C 砖的挠性，因而沿铁水包体圆同方向也不会出现横向裂纹。

由于炉渣不再渗入含有石墨的耐火砖（A-S-C 砖）中，所以可以很容易地将铁水包工作衬表面上的渣除去。

与传统的 $SiO_2-Al_2O_3$ 质衬砖相比，A-S-C 质内衬砖受到的蚀损程度小得多，故无需对 A-S-C 质内衬进行喷补维修。

然而，铁水预处理的混铁车 A-S-C 质内衬砖的使用寿命却波动很大，是由于混铁车进行铁水预处理即脱硅、脱硫和脱磷（简称“三脱”）操作的比率不同所造成的。

众所周知，在高炉采用喷煤粉工艺来提高生产率的同时，也会导致生铁中硫含量的增加，结果则需要对铁水进行预处理。考虑到由于添加（熔）剂（CaO、Na_2O、CaF_2）产生高度侵蚀的环境，通常需要将除去生铁中大部分硫的任务转移到外部设备中来完成，即额外的负担强加到铁水包内衬耐火材料上。

（1）当铁水需要进行脱磷处理时，石灰、萤石及铁磷用作熔剂。铁磷及氧气均为脱磷用的氧化剂。在喷吹脱磷剂时，同时吹氧促进脱磷反应，这就需要控制氧气与铁磷的比率，以使处理后的铁水保持恒定的温度。在这种情况下，脱磷操作的铁水包内衬通常采用A-S-C砖砌筑，因为它们对于$CaO-CaF_2-FeO$熔剂（渣）的侵蚀具有很高的抵抗能力，同时也具有良好的抗热震性。

在采用A-S-C砖砌筑鱼雷式铁水包的情况下，典型脱磷剂对A-S-C质耐火内衬有重要的负面影响。

（2）对于铁水脱硫来说，脱硫剂不同时对A-S-C质内衬的侵蚀行为也不相同。当采用含Na_2CO_3系（$CaO-CaF_2-Na_2CO_3$）脱硫剂时，A-S-C质内衬中的石墨和SiC的氧化程度明显增大，原因是由于：

$$Na_2CO_3(l) \longrightarrow Na_2O(l,g) + CO_2(g) \tag{5-1}$$

$$2Na_2O(l,g) + SiC(s) \longrightarrow 4Na(g) + SiO_2(s) + C(s) \tag{5-2}$$

$$Na_2O(l,g) + C(g) \longrightarrow 2Na(g) + CO(g) \tag{5-3}$$

从而导致A-S-C质内衬砖中的石墨和SiC发生氧化反应而使内衬损毁加快。

石墨和SiC的氧化反应越快，脱碳层形成也越快，结果则导致熔剂（脱硫剂和熔渣）通过基质进行的渗透也就越强烈，因为石墨和SiC氧化会导致A-S-C质内衬砖产生高气孔区。

与含CaO系（$CaO-CaC_2$系）脱硫剂相比，$Na_2O(l, g)$容易侵蚀石墨和SiC以及莫来石细颗粒，侵蚀氧化铝骨料的程度则比较轻微。

当石墨和SiC被$Na_2O(l, g)$氧化时，产生SiO_2沉积和气体产物（Na(g)和CO(g)），后者在二次氧化成Na_2O后开始对A-S-C质内衬砖进行侵蚀。沉积于气孔中的SiO_2有利于A-S-C质内衬砖的致密化，这在一定程度上放慢了石墨和 SiC 进一步氧化的进行。在这种情况下，SiC 即被 $Na_2O(l, g)$ 按下式氧化：

$$Na_2O(l,g) + SiC(s) \longrightarrow SiO(g) + C(s) + 2Na(g) \quad (5-4)$$

可见，SiC 的主要作用是作为石墨氧化的抑制剂（抗氧化剂），因为其自身氧化起到了产生气孔封闭的作用。

莫来石细颗粒和氧化铝粗颗粒表面侵蚀后则导致 $\beta-Al_2O_3$（$Na_2O \cdot 11Al_2O_3$）和钠长石（$Na_2O \cdot Al_2O_3 \cdot 6SiO_2$）的形成：

$$Na_2O + 11Al_2O_3 = \beta-Al_2O_3 \quad (5-5)$$

$$\beta-Al_2O_3 + 66SiO_2 + 10Na_2O = 11(Na_2O \cdot Al_2O_3 \cdot 6SiO_2) \quad (5-6)$$

虽然 $\beta-Al_2O_3$ 的熔化温度很高，但钠长石的熔点仅为 1108℃。此外，当上述物相同时出现时还牵涉到在温度低至 800℃时形成一种液相。在高于液相形成的温度下，这种液相即会变成越来越多的液体，而使 A－S－C 质内衬砖受到强烈的侵蚀。其侵蚀过程可用 $Al_2O_3-SiO_2-Na_2O$ 三元相图来解释。

当采用 CaO 系脱硫剂时，有关碳氧化和 C 的再次沉积，在 1400℃时将会发生：

$$Ca(s) + CO(g) = CaO(s) + C(s) \quad (5-7)$$

$$2Ca(s) + CF_2 = 2CaF_2 + C(s) \quad (5-8)$$

以及反应（5－3）。

上述情况说明，A－S－C 质内衬材料中碳的破坏方式取决于所选用的脱硫剂的种类。在这种情况下，由于石墨和 SiC 的氧化，导致脱碳层形成，结果则会导致熔渣和脱硫剂容易向 A－S－C 质内衬中渗透，并同内衬材料中的 Al_2O_3 和 SiO_2 等成分反应形成大量的低熔相，如拉长石和玻璃相。前者是钠长石（T_e = 1108℃）和钙长石（T_e = 1535℃）的连续固溶体（钠长石含量可达 30%～50%），估计其完全熔化的温度为 1450～1490℃，而开始出现液相的温度低于 1350℃。在铁水预处理条件下，钠长石将熔化为液相，并迅速被搅动的铁水冲走，使 A－S－C 质内衬受到严重侵蚀。同时，由于 A－S－C 质内衬工作表面层的石墨和 SiC 氧化消失，组织劣化，因而容易产生剥落、流失而导致其损毁。

通过比较钙基脱硫剂和钠基脱硫剂可以得出；虽然两者都会侵蚀 A－S－C 质内衬材料，但后者对 A－S－C 质内衬材料侵蚀的程度比前者要严重得多。

基于传统脱硫剂会使 A－S－C 质内衬受到严重侵蚀这一事实，所以有的钢厂采用 CaO－Al 系作为铁水脱硫剂。其组成为 94% CaO 和 6% 粉状铝废渣（大致成分是 44.11% Al、17.27% Al_2O_3、16.19% SiO_2、2.27% CaO 和 5.68% Na_2O）。

以 CaO－Al 系作为铁水脱硫剂时，反应集中在 A－S－C 质内衬砖的基质（基质往往由细颗粒 SiC－莫来石－鳞片状石墨组成）中，而粗颗粒（Al_2O_3）则原封不动。当 SiC 和鳞片状石墨被氧化而且莫来石被消耗时，则侵蚀过程便开始快速进行。

为此，曾采用动态指形炉渣试验技术评价了四种 A－S－C 质试样的抗侵蚀性。这四种 A－S－C 质试样是：

1）鱼雷式铁水包渣线区用标准 A－S－C 质试样；

2）富含 4% MgO 的 A－S－C 质试样；

3）富含 4% SP 的 A－S－C 质试样；

4）含 81% Al_2O_3 的无硅 A－S－C 质试样。

动态指形侵蚀试验的结果为：

试　样	a	b	c	d
侵蚀指数	19.0	6.1	9.2	11.9

由此即可认为：采用 CaO－Al 系作为铁水脱硫剂时，有害的碱性氧化物（Na_2O 和 K_2O）会传送到 A－S－C 质试样内，导致其损毁。这类内衬材料蚀损机理按以下顺序发生：

1）除了和脱硫剂一起出现的碱性气体之外，由于典型的气体对 A－S－C 质材料的作用，使 C 和 SiC 氧化；

2）作为上述机理的结果，在提高材料透气性的同时，使气体中 SiO_2（往往由 SiO 转变）沉积，这会使材料基质致密化；

3）作为最后的结果，则形成了 $CaO-SiO_2-Al_2O_3-Na_2O$（K_2O）系低熔相，从而加速了材料的蚀损。

由耐火材料 b 的化学组成可以得知，在标准 A－S－C 质耐火材料中添加4% MgO代替基质中的莫来石细粉时，可大幅度提高抗侵蚀性，原因被认为是MgO同Al_2O_3细颗粒反应生成原位Spinel的结果。除了Spinel高度的稳定性外，还因为伴随Spinel生成反应产生了强烈的体积膨胀，有堵塞气孔的效果。然而，由于伴随Spinel生成反应产生了强烈的体积膨胀和特殊的操作条件，所以这类耐火材料并不适合用作鱼雷式铁水包内衬耐火材料，因为在间歇操作情况下有结构剥落的危险。

为了控制含MgO的A－S－C砖的膨胀反应，结合耐火材料b和c的试验结果认为，将MgO和Spinel同时配入配料中便可减少结构剥落。例如，将MgO：Spinel＝1：1的混合物（3.5% MgO＋3.5% Spinel）添加到A－S－C砖中进行应用时，则明显提高了CSN鱼雷式铁水包的使用寿命（以CaO－Al系作为铁水脱硫剂）。

（3）在以铁磷作为主要脱硅剂时，发现作为以提高耐蚀性为目的基本组织中的石墨和SiC受到了强烈的侵蚀，而使A－S－C质内衬材料严重蚀损，结果，其使用寿命大幅下降。因为A－S－C质内衬材料中SiC和C成分同FeO相遇时会发生下述反应蚀损：

$$2FeO(s,l) + SiC(s) = 2Fe(s,l) + SiO_2(g) + C(s) \quad (5-9)$$

$$3FeO(s,l) + SiC(s) = 3Fe(s,l) + SiO_2(s) + CO(g) \quad (5-10)$$

$$FeO(s,l) + SiC(s) = FeSi(s,l) + CO(g) \quad (5-11)$$

$$FeO(s,l) + C(s) = Fe(s,l) + CO(g) \quad (5-12)$$

由此看来，脱硅操作用A－S－C砖的配方设计需要控制SiC的配入量。

试验研究结果表明，SiC的配置量对铁水预处理用A－S－C砖的抗渣性有明显的影响：SiC的配置对铁水预处理用A－S－C砖抗渣性一直是不利的，但却能明显地地改善材料的抗热震性能。

采用感应炉和回转炉分别对铁水预处理用A－S－C砖进行抗渣试验的结果表明：当SiC的配置量（质量分数）为6%～10%时，材料的抗渣性最好，但超过这一范围时，其抗渣性就会下降。

与小、中型铁水包不同，当A－S－C砖应用于大型铁水包、混铁车或者加热－冷却条件严酷的情况时，A－S－C质内衬非常容易产生裂纹，结果则导致其结构剥落损毁。

通常，A－S－C 砖中的石墨含量为12%～15%，其热导率高达17～21W/(m·K)（800℃）以上。如果它们用于大型铁水包、混铁车上时，往往会降低铁水温度并会引起大型铁水包、混铁车的铁皮变形。解决办法是降低石墨的配入量（<10% C）以及石墨微细化，同时控制 SiC 的配置量（<5% SiC）以谋求 A－S－C 砖的低热导化。

通过以上讨论可以看出：不同的运送铁水设备（包括铁水包、混铁车和铁水预处理鱼雷车等）以及铁水预处理工艺不同（铁水预处理目的不同）时，所选用的 A－S－C 砖的配方设计也应当作相应的调整，否则就难以获得高的使用寿命。

5.2 A－S－C 不定形耐火材料

A－S－C 不定形耐火材料是炼铁工业中使用最大的一类复合耐火材料，现介绍如下。

5.2.1 概述

Al_2O_3（SiO_2）－SiC－C 质不定形耐火材料早已成为炼铁工业的标准耐火材料，主要用作出铁沟、铁水包、铁水预处理鱼雷车和冲天炉炉缸等内衬耐火材料。根据筑衬方法分为捣打料、干振料（干式振动成型料）、浇注料和修补/喷补料等许多品种。归纳起来主要有以下两大类型：

（1）含碳结合剂（如焦油、沥青、树脂等）结合的或者磷酸结合的或者黏土结合的捣打料。

（2）铝酸钙水泥结合的（CA－70C/CA－80C）或者黏土结合的或者磷酸盐结合的耐火浇注料。

而上面提到的干振料（干式振动成型料）、浇注料和修补/喷补料等则是这两类不定形耐火材料派生（改性）的材料。

Al_2O_3（SiO_2）－SiC－C 质捣打料具有抗渣性好，抗热震性能高，体积变化小和抗冲刷能力强等优点，因而其使用寿命高，经济效益显著。至今仍在高炉上特别是中、小型高炉和冲天炉炉缸上广泛使用。

不过，在过去的三四十年里，由于低水泥（LCC）和超低水泥（ULCC）耐火浇注料的开发和在高炉特别是大型高炉上推广应用，并获得巨大成功，因而这些耐火浇注料便取代了 $Al_2O_3(SiO_2)$ - SiC - C 质捣打料。

LCC 和 ULCC 耐火浇注料的主要缺点是施工体干燥速度慢、干燥时间长，尽管添加了塑性纤维和金属粉等添加剂，使其性能有所改进，但施工时仍有可能出现爆裂和剥落等现象。LCC 和 ULCC 耐火浇注料的另一个缺点是高温强度低，抗热震性能不高。

水合氧化铝和超细粉结合的无水泥耐火浇注料（NCC）虽然可以使其高温强度得到改进，但仍需要较长的干燥周期，而且脱模强度低。于是，近年又开发了凝胶结合的耐火浇注料，其施工方法更简单、迅速，干燥时间短，材料的高温强度大，抗热震性能好，使用寿命长。

现在，在有些国家里除了一些小高炉因出铁场设备所限之外，绝大多数高炉出铁沟均采用 ULCC 或者凝胶结合的耐火浇注料。在世界各地，出铁沟耐火浇注料或泵送耐火材料一般都采用电熔刚玉或板状氧化铝作骨料，配置石墨、SiC 和金属添加剂，以铝酸钙水泥（CA70C/CA80C）或凝胶作结合剂。ULCC 和凝胶作结合的耐火浇注料的性能见表 5-4，两者抗热震性比较则见图 5-1。

表 5-4 高炉出铁沟用低水泥和凝胶结合耐火浇注料的性能

性能		LCC	NLCC
体积密度（不同的还原气氛下）/g·cm^{-3}	110℃	2.80	2.91
	815℃	2.74	2.83
	1400℃	2.74	2.80
气孔率（不同的还原气氛下）/%	110℃	15.6	14.3
	815℃	19.7	17.2
	1400℃	18.8	18.4
常温耐压强度（不同的还原气氛下）/MPa	110℃	8.9	21.8
	815℃	11.7	53.1
	1400℃	48.2	43.3

续表 5-4

性能		LCC	NLCC
常温抗折强度（不同的还原气氛下）/MPa	110℃	2.1	4.0
	815℃	2.4	8.3
	1400℃	11.7	9.6
高温抗折强度（不同的 N_2 气氛下）/MPa	1090℃	2.2	3.5
	1400℃	1.5	2.5

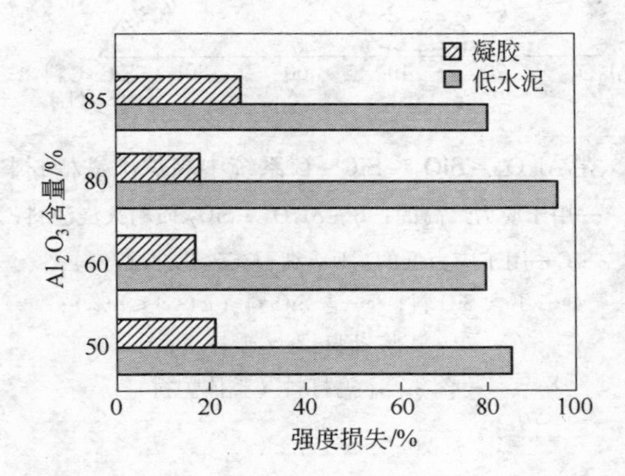

图 5-1 低水泥和凝胶结合耐火浇注料的抗热震性比较（相同 Al_2O_3 含量）

5.2.2 A-S-C 不定形耐火材料的设计

当出铁沟选用 LCC 和 ULCC 耐火浇注料时，通常含 60% ~70% Al_2O_3、10% ~25% SiC、2% ~4% C。C 是以石墨、炭黑和树脂（如沥青粉）等形式加入的。石墨在水中分散性极差，需要加入表面活性剂或者对石墨进行亲水性处理。

图 5-2 给出了各类出铁沟不定形耐火材料中各成分的基本含量范围，可以作为我们设计出铁沟用不定形耐火材料时参考。制备 A-S-C 不定形耐火材料需要对所用原料，特别是主原料进行严格控制，具体如下。

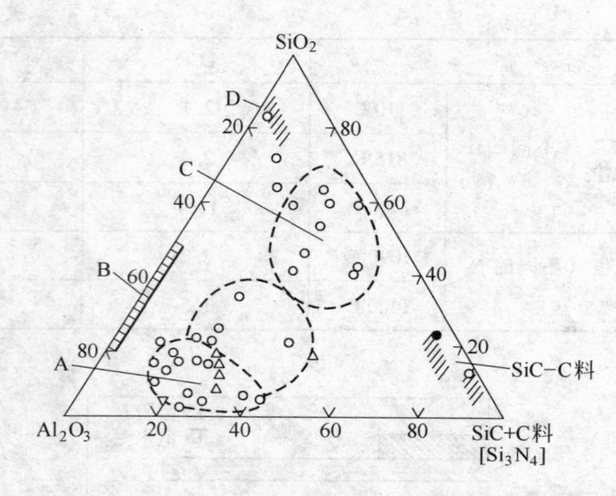

图5-2 在 $Al_2O_3-SiO_2-SiC-C$ 系统中高炉出铁槽材料的位置

A—用于应力最高的；B—$Al_2O_3 \cdot SiO_2$ 质耐火浇注料；

C—用于应力低的；D—细石英砂焦油混合料；

•—不含 SiC 料；○—含 SiC 料（$w(C) \leqslant 8\%$）；

▿—干振动料；▵—喷补料；

□—含 Si_3N_4 捣打料（整体炉衬）

5.2.2.1 Al_2O_3 原料

从使用性能和经济效益的角度上看，认为电熔刚玉、烧结刚玉、板状氧化铝、棕刚玉和烧结铝矾土等这些瘠性原料都会在 A-S-C 质不定形耐火材料中具有广泛的应用前景。由 $SiO_2-Al_2O_3$ 二元相图（图5-3）可知，作为 A-S-C 质不定形耐火材料所选择的铝质原料来说，当 $Al_2O_3/SiO_2 \geqslant 2.55$（质量比）时即具有很高的耐火性能（其液相出现的温度高达1840℃），因而它们是 A-S-C 质不定形耐火材料首选的重要原料。

在实际配方设计时，往往需要根据不同的操作条件（表5-5）和经济技术效益原则，来选择 A-S-C 质不定形耐火材料的铝质原料。表5-6是按表5-5的要求选择用作出铁沟耐火浇注料的 Al_2O_3 瘠性原料的重要例子。

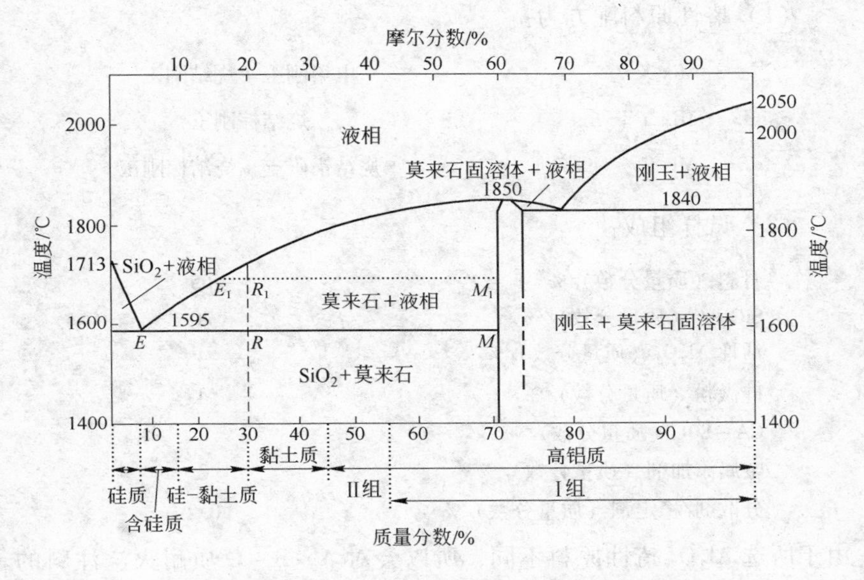

图 5－3 SiO_2－Al_2O_3 二元相图

表 5－5 不同操作条件下的重要参数

应用范围	操作条件	特殊要求
主铁沟	温度为 1450～1550℃，两种金属和炉渣在不同面上的腐蚀和侵蚀	金属和炉渣的腐蚀和侵蚀性
出铁槽	温度为 1450～1550℃的金属侵蚀	抗高温耐磨性
回转浇口	温度为 1450～1550℃，通过金属和从高处流下来的金属冲击侵蚀	抗高温耐磨性，在冷态、热态下抗冲击性

表 5－6 高炉用耐火浇注料骨料的选择方针

应用范围	失效特征	选用的材料
回转浇口	冲击区域侵蚀	铝矾土＋烧结棕刚玉
出铁口	液态金属侵蚀渗透	电熔刚玉＋烧结刚玉
炉渣段	炉渣侵蚀、腐蚀和渗透	电熔刚玉＋烧结刚玉

（1）瘠性原料配方为：

Mix X	电熔刚玉＋烧结刚玉
Mix Y	烧结棕刚玉
Mix Z	烧结铝矾土＋烧结棕刚玉

（2）试样组成：

骨料（质量分数)/%	65
SiC＋C（质量分数)/%	20
活性 Al_2O_3（质量分数)/%	4
硅微粉（质量分数)/%	4
CA－80C（质量分数)/%	2
金属添加剂（质量分数)/%	2
分散剂/稳定剂（质量分数)/%	0.2

由于所选 Al_2O_3 瘠性原料不同，所以会对 A－S－C 质耐火浇注料的性能产生不同的影响。图5－4～图5－6示出了它们所需用水量（图5－4）和干燥后的耐压强度（图5－5）与不同 Al_2O_3 瘠性原料的关系，表明强度值都不是很高。这可解释为由于 SiC 的存在和石墨结构的存在而妨碍了在该耐火浇注料内部基质键的形成。另外，高温处理后的常温耐压强度（图5－6）比干燥后的耐压强度高，说明 Al_2O_3

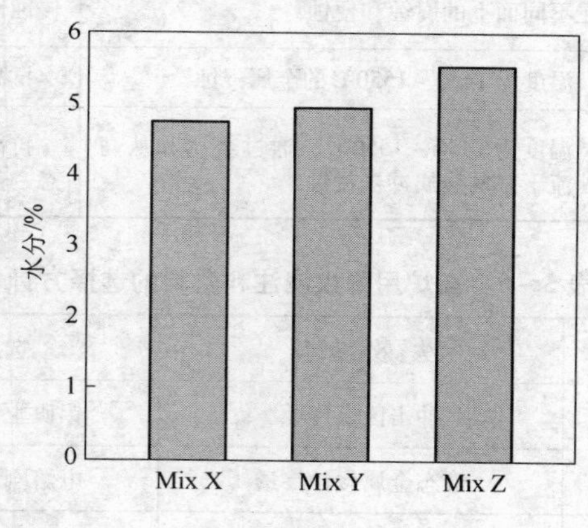

图5－4 浇注水分

瘠性原料的选择对 A－S－C 质耐火浇注料的强度作用没有明显的影响，甚至高温抗折强度（HMOR）值在 4.5～7.0MPa 非常窄的范围内变化（图 5－7），也不能认为是 A－S－C 质耐火浇注料实际使用的性能。

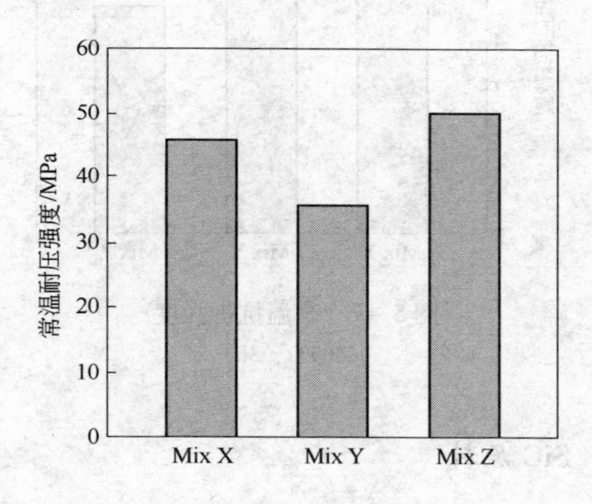

图 5－5 常温耐压强度

（110℃，24h）

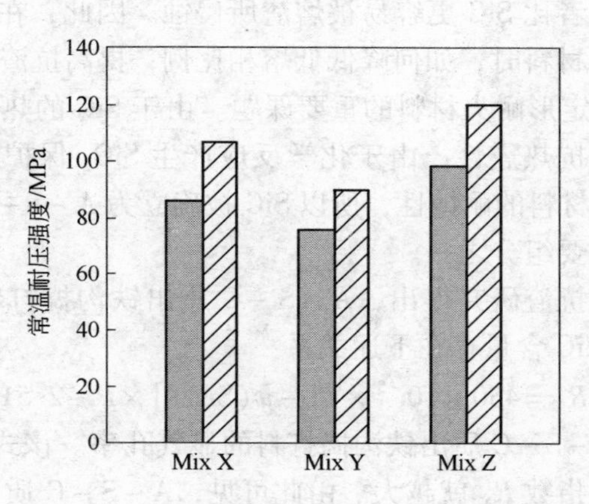

图 5－6 高温处理后耐压强度

▨—1000℃，3h；▨—1400℃，3h

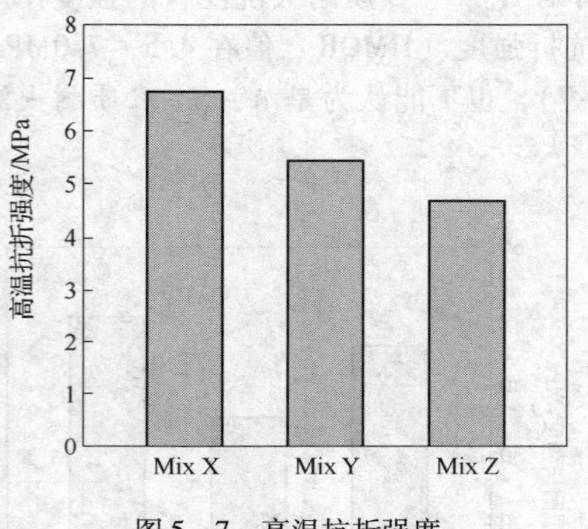

图5－7 高温抗折强度
（1400℃，3h）

5.2.2.2 SiC 原料

SiC 同氧化物熔渣的接触角大于90°，不会被氧化物熔渣所润湿，因而能够防止熔渣浸透，同时也能抑制同熔渣反应。然而，含 SiC 的不定形耐火材料是气孔较多的材料，而且还容易产生低熔点结合相。相比之下，后者比 SiC 更容易被熔渣所侵蚀。因此，在设计含 SiC 质的不定形耐火材料时，如何降低低熔相比例，提高抗渣性便成为设计含 SiC 质的不定形耐火材料的重要课题。由于 SiC 的热导率较高，故可提高材料的抗热震性；由于化学反应产生 SiO_2 保护层，故可防止 C 氧化，提高材料的耐蚀性，所以 SiC 被确立为 A－S－C 质不定形耐火材料中的重要组分之一。

通过回转抗渣研究得出，A－S－C 质出铁沟捣打料的抗蚀指数 R_N 同配料中 SiC 含量存在下述关系：

$$R_N = 450 \times 10^{-5} \times [1 - w(\mathrm{SiC})] \times P + 2.51 \qquad (5-13)$$

式中，P 为 A－S－C 质出铁沟捣打料的显气孔率。该式表明，SiC 含量越高，抗蚀指数 R_N 就越大。由此可见，A－S－C 质出铁沟料中的 SiC 加入量的界限仅由价格因素决定。

图5－8 和图5－9 示出了 A－S－C 质耐火浇注料中 SiC 含量与抗

渣侵蚀性的关系。图 5－8 是加热至冷却循环 10 次的测定结果，而图 5－9 则是 A－S－C 质耐火浇注料的回转抗渣侵蚀的结果，它们都以高炉渣为侵蚀剂。由图 5－8 看出，随着 A－S－C 质耐火浇注料中 SiC 含量的增加，材料抗侵蚀性呈增强的趋势，最佳 SiC 加入量（质量分数）为 35%。但在 SiC 加入量超过 20% 以后，材料抗侵蚀性的差异并不明显。图 5－9 则表明，A－S－C 质耐火浇注料的抗渣侵蚀性以 SiC 加入量为 15% 最佳。由于回转抗渣试验更反映实际情况，因而认为当 A－S－C 质耐火浇注料中 SiC 含量为 15% ~18% 时即可获得最佳的抗渣性。进一步的研究则表明，A－S－C 质出铁沟料中的 SiC 含量为 10% ~15%，A－S－C 质出渣沟料中的 SiC 含量为 18% ~20%，而 A－S－C 质脱硅出沟料中的 SiC 含量为 6% ~8% 均可获得高耐用性。

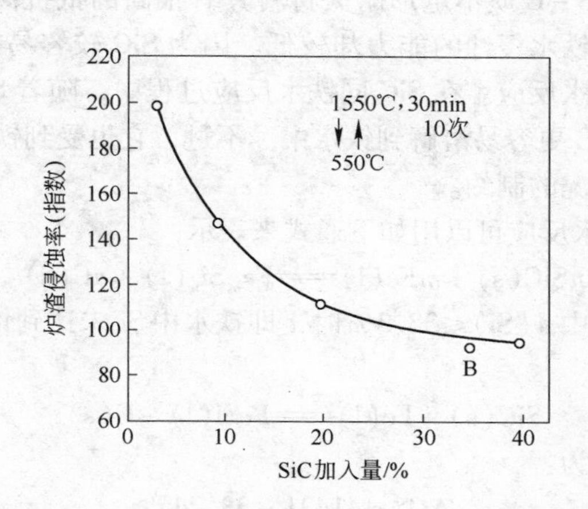

图 5－8　SiC 加入量对出铁沟浇注料抗渣侵蚀性的影响

当然，熔渣中各成分的相对含量对 A－S－C 质耐火浇注料的抗渣性也有影响。例如 FeO 可以按下式分解 SiC：

$$\mathrm{FeO(l)+SiC(s)=\!=\!=FeSi(l)+CO(g)} \qquad (5-14)$$

此反应从约 1400℃开始，在 1500℃时结束，表明 SiC 在高温下会被氧化铁所侵蚀。然而，出铁沟料的使用温度一般低于 1350℃，所以它仍能与含氧化铁熔渣的使用条件相适应。

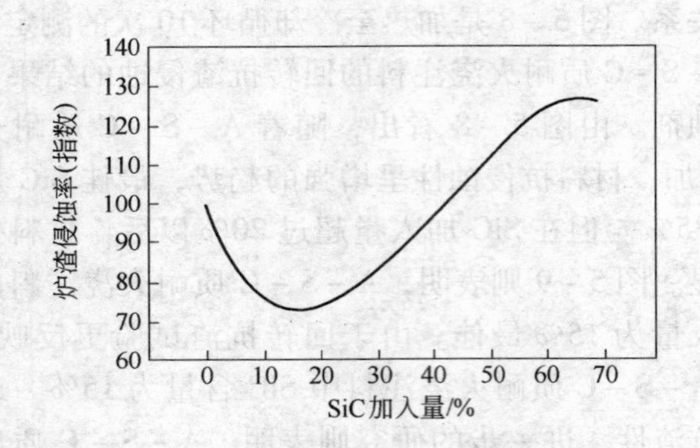

图5－9　SiC加入量对低水泥浇注料抗高炉渣侵蚀性的影响
（1570℃ ×1Nc ×Seyeies）

虽然A－S－C质不定形耐火材料具有很高的抵抗高炉渣侵蚀的能力，但抵抗铁水侵蚀的能力却较低。因为SiC较容易被铁水润湿，而且容易同铁水反应。在SiC同铁水反应过程中，随着SiC反应分解为Si和C，SiC更容易溶解到铁水中。不过，它也受到铁水中Si含量和铁水流动情况的制约。

SiC同铁水反应可以用如下通式来表示：

$$n\text{SiC(s)} + m\text{Fe(l)} = \text{Fe}_m\text{Si}_n\text{(l)} + n\text{C(s)} \quad (5-15)$$

如果铁水中 $w(\text{Si}) \leqslant 33.3\%$ 时，即铁水中Si未达到饱和，则上式变为：

$$\text{SiC(s)} + \text{Fe(l)} = \text{FeSi(l)} + \text{C(s)} \quad (5-16)$$

其自由能简式为：

$$\Delta G^\ominus = 41421 - 38.24T \quad (5-17)$$

当 $\Delta G^\ominus = 0$ 时，$T = 1083\text{K}$（810℃），表明SiC在铁水中是不稳定的。在Fe－Si二元系中，$w(\text{Si}) < 33.3\%$ 时，两者会反应生成FeSi，并于1410℃熔融而不分解。显然，在这种条件下，反应式（5－16）将向右进行。铁水中 $w(\text{Si})$ 越低，反应式（5－16）便越容易向右进行。因为：

$$\text{Si(l)} + \text{C(s)} = \text{SiC(s)} \quad (5-18)$$

其自由能简式（1683～2000K）为：

$$\Delta G^\ominus = -100457.8 + 34.85T \quad (5-19)$$

当温度低于 1683K（1400℃）时：

$$\Delta G^{\ominus} = -53429.7 + 6.95T \qquad (5-20)$$

比较式（5－20）和式（5－17）的自由能值得出：在高温下，反应式（5－18）的自由能比反应式（5－16）的自由能负得更多，表明在有碳存在的铁水中反应式（5－18）优先向右进行。通常，由于铁水中都含有较高的碳，所以铁水分解 SiC 的速度便会受到抑制。

尽管如此，用于出铁沟铁线部位的 A－S－C 质不定形耐火材料中，SiC 的含量仍应受到限制，通常限定其用量（质量分数）在 10%～15%。

在高炉渣铁沟用 A－S－C 质不定形耐火材料内衬中，SiC 的另一个作用是一种防氧化剂，可在使用过程中防止 C 的氧化。如前所述，SiC 的氧化在很大程度上取决于环境中的氧分压。对于高炉渣铁沟用 A－S－C 质不定形耐火材料来说，由于其内部有 C 共存，当反应达到平衡时，在 1000～1400℃ 范围内的氧分压约为 10^{-17}～10^{-10} MPa，所以内衬中绝大部分气体应是 CO。

Al_2O_3－SiC－C 系凝聚相同温度和 $p(CO)$（CO 压力）下的稳定范围可以由图 5－10 来描述。

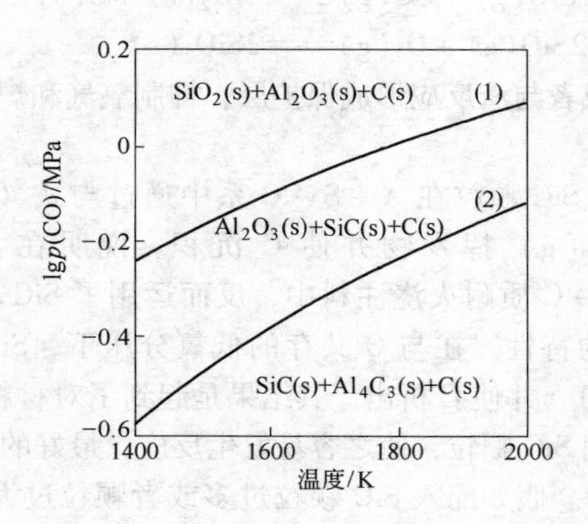

图 5－10 在 Al－Si－C－O 相中凝聚相的稳定范围

从图 5－10 看出，在 $p(CO) = 0.1$MPa 的情况下，当温度不超过

1823K（1550℃）时，SiC 不稳定，按下式转变为 SiO_2：

$$SiC(s) + 2CO(g) = SiO_2(s) + 3C(s) \tag{5-21}$$

使 Al_2O_3－SiC－C 系→Al_2O_3－SiO_2－C 系。但如果该系统不是封闭系统，Al_2O_3－SiC－C 质工作衬与外界接触时，p(CO) 有可能低于 0.1MPa，此时 SiC 即是稳定的。然而，此时气相有可能不全是 CO 或 $CO + CO_2$，可能还有 SiO 等气相产生，这也会对 SiC 稳定性产生影响。在这种情况下，就应考虑 Si 成分转移的问题。此时 SiC 会按下述方式进行氧化：

$$SiC(s) + CO_2(g) = SiO(g) + CO(g) + C(s) \tag{5-22}$$

$$SiC(s) + CO(g) = SiO(g) + 2C(s) \tag{5-23}$$

在 SiC 颗粒表面上反应式（5－22）即能发生，生成 SiO(g) 并析出 C(s)。而当温度达到 1400℃时，在 $p = 0.033 \sim 0.1$MPa 的气氛中，在 C 存在的情况下，SiO_2 为稳定的凝聚相，因而下面反应式(5－24)和式（5－25）即能发生，生成 SiO_2 并析出 C，在渣沟内衬表面形成保护层，增强抗蚀性，提高使用寿命。也就是说，SiC 颗粒将 CO 还原为 C，抑制 C 的减少，同时还降低了气孔率。此外，SiO(g) 扩散到材料表面附近时，又会冷凝为 SiO_2：

$$SiO(g) + CO(g) = SiO_2(s) + C(s) \tag{5-24}$$

$$2SiO(g) + O_2(g) = 2SiO_2(s) \tag{5-25}$$

使之致密化，或者与渣反应形成保护层，抑制氧气和炉渣的侵入，提高耐用性。

由此可知，SiC 颗粒在 A－S－C 系中通过与式（5－22）生成 SiO(g) 和 CO(g) 挥发物并使 C 沉积。说明在含 C 的 Al_2O_3(－SiO_2)－SiC－C 质耐火浇注料中，反而运用了 SiC 在低氧分压下不断进行氧化的特性。在与 C 共存的低氧分压下，SiC 极其不稳定(发生气相挥发)，并使 C 析出，其结果是起到了对材料修复的作用。为了有效地利用 SiC 颗粒，使之容易发生反应，最好的方法是向配料中配入 SiC 细粉。假如配入 SiC 颗粒过多或者颗粒过大，当全部 SiC 变为 C 时，会导致与熔渣接触产生大量的气泡，搅动耐火材料表面附近的熔渣，反而会使熔渣侵蚀耐火材料的速度加快。

上述情况告诉我们，在设计 Al_2O_3(－SiO_2)－SiC－C 质耐火浇注料时，需要根据使用条件选择最佳的 SiC 颗粒大小及其配入量。

另外，良好的抗侵蚀性和抗浸透性要求 SiC 应该具有较宽的粒度分布。Al_2O_3($-SiO_2$) - SiC - C 质耐火浇注料中 SiC 粒度分布广的那些材料在实践中的使用性能较佳，这说明 SiC 的粒度选择比纯度更重要。

日本的研究结果表明，作为高炉出铁沟 Al_2O_3($-SiO_2$) - SiC - C 质耐火浇注料，其基质中 SiC 的配入量（质量分数）达 70% ~90% 时，同时添加 Si 1% ~3% 和 B_4C 0.5% ~3.0% 以及高软化温度沥青粉 1% ~3%，即可获得高寿命。

5.2.2.3 碳素原料

Al_2O_3($-SiO_2$) - SiC - C 质耐火浇注料中碳素原料（C）可以选用石墨，也可以选用沥青和焦炭。不过，在耐火浇注料中，石墨难以湿润，这会导致用水量增加。因为当向含石墨耐火浇注料中添加水进行施工时，石墨结构会导致大部分石墨到达表面并很容易烧掉。为了能在这种耐火浇注料中配入石墨，需要先对石墨进行改性处理，以提高其分散性和黏附性。而向耐火浇注料中配入沥青则不会出现上述问题，而且应用也相当方便。

在一般情况下，沥青种类不同，耐火浇注料的性能也会有差异。对此，曾经用表 5 - 7 的 C 源按表 5 - 8 的配方，就 C 源对 Al_2O_3 ($-SiO_2$) - SiC - C 质耐火浇注料的特性作了对比研究。所有配方均以 CA（CA - 80C/CA - 70C）和 uf - SiO_2 并用作为结合剂。其结果表明：烧成后的试样，显气孔率增大，强度下降。原因可能是挥发成分产生气化而导致显气孔率增大，而且材料中的炭素在烧成时难以形成陶瓷结合，而导致强度下降。相比之下，加入挥发分高的 C 源时由于加热软化，并容易浸润到基质中，因而对显气孔率的负面影响要小些，而且对强度的贡献也更大些。原因可能是其颗粒相对较大，不容易妨碍陶瓷结合的形成。

以炭黑、焦炭和沥青等作为 Al_2O_3($-SiO_2$) - SiC - C 质耐火浇注料的 C 源存在的主要问题是这些类型 C 源易于氧化损失。这样，不仅不能抑制熔渣渗透，反而降低了材料的强度和抗侵蚀性，从而导致其耐用性明显下降。

表5－7 碳源种类

项 目	碳A	碳B	碳C
固定碳/%	64.0	85.8	88.9
挥发分/%	35.8	13.8	8.0
灰分/%	0.2	0.4	0.4

表5－8 基本配方

组 成	SiC	Al_2O_3	SiO_2	CA	分散剂
含量/%	56.0	34.0	3.8	5.6	0.3

研究结果表明，若C源添加量增加，渣渗透厚度则减薄，如图5－11所示。然而，从图5－12所示的侵蚀试验结果来看，C源添加量增加，未必蚀损指数会减小。图5－13则表明：C源添加量增加对提高试样的强度有明显作用。而回转试验则表明，在试样被氧化的情况下，由于C源氧化损失，使组织显著劣化，抗侵蚀性明显下降。

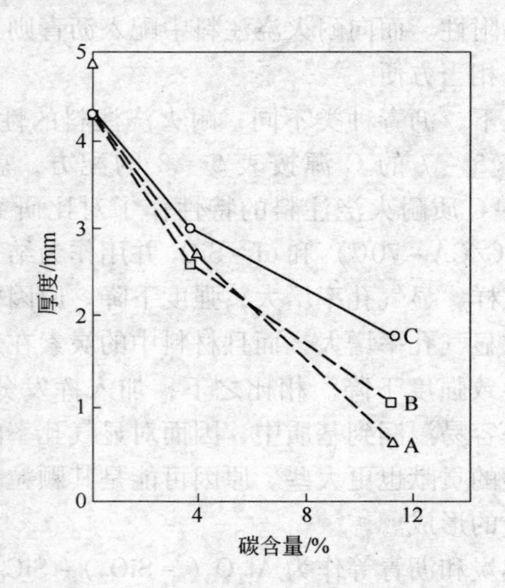

图5－11 碳含量与渣渗透层厚度的关系

（A、B、C分别代表碳A、碳B、碳C，见表5－7）

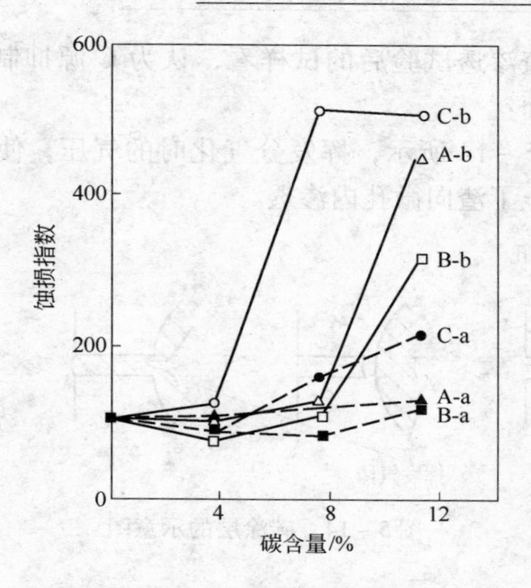

图 5－12 碳含量与蚀损指数的关系

（A、B、C 分别代表碳 A、碳 B、碳 C，见表 5－7）

a—高频感应电炉法：1550℃，4h（生铁 15kg，高炉渣 300g，每小时换 1 次渣）；

b—回转炉法：1550℃，4h（生铁/高炉渣＝1/1，每小时换 1 次渣）

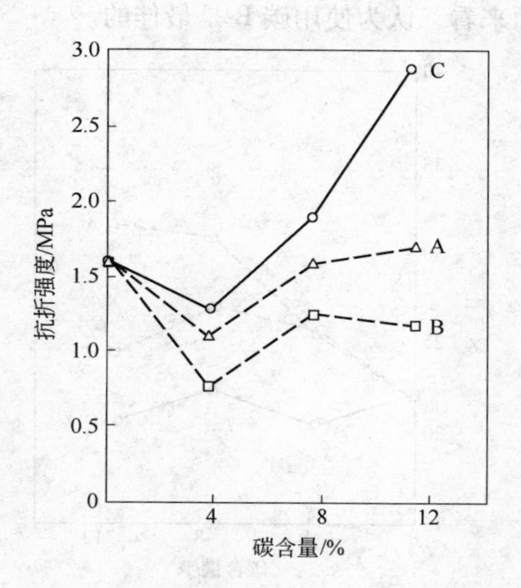

图 5－13 碳含量与抗折强度的关系

（A、B、C 分别代表碳 A、碳 B、碳 C，见表 5－7）

另外，从渣渗透试验后的试样看，认为C源抑制渣渗透的机理有以下两个方面：

（1）如图5-14所示，挥发分气化时的气压，使C源涂在微孔内壁上，故防止了渣向微孔内渗透。

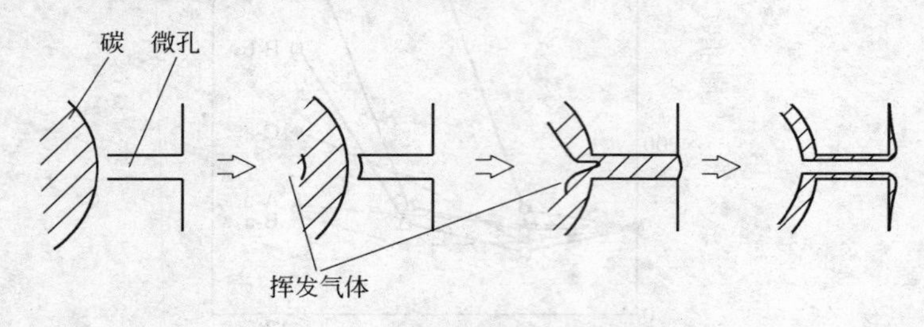

图5-14 碳涂层的示意图

（2）由于C源在材料中分散，故可使材料整体对渣的润湿性恶化。

表5-7中的碳A和碳B具有（1）和（2）两个方面的效果，而碳C只具有（2）的效果。从（1）的效果和侵蚀试验以及图5-15的气孔率等方面来看，认为使用碳B是最佳的。

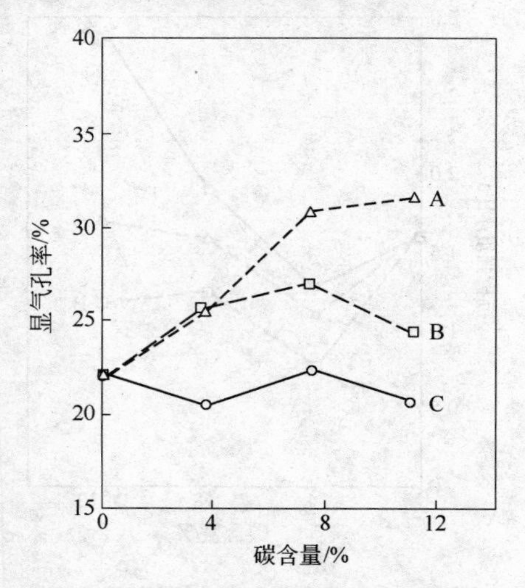

图5-15 碳含量与显气孔率的关系

（A、B、C分别代表碳A、碳B、碳C，见表5-7）

就 Al_2O_3（－SiO_2）－SiC－C 质耐火浇注料而言，其中碳素材料具有不同熔渣反应，同时具有弹性率和线膨胀系数低以及不易烧结等优点，因而提高配料中碳素材料的比例并进行适当控制，便可分散热应力，防止龟裂和剥离，提高耐蚀性能。当然，这也会带来另外的问题：当该材质用作出铁沟内衬时，在排出残铁次数较多的主出铁沟沟口前或下游侧，炭素容易氧化而导致耐用性不充分的问题。

有文献对向出铁沟内衬材料中加入接近球形的炭颗粒（表 5－9）进行性能优化作了全面研究，其结果示于图 5－16～图 5－21 中。

表 5－9 试样性能

性 能		C－0	C－5	C－10	C－15	C－20
化学组成/%	Al_2O_3	80	75	70	65	60
	SiC	14	14	14	14	14
	SiO_2	1	1	1	1	1
	C	3	8	13	18	23
炭颗粒/%		0	5	10	15	20

如图 5－16 所示，炭颗粒添加量越多，混练用水量就越增加，但增加幅度较小。不过，其流动性则与未加炭颗粒的耐火浇注料（C－0）基本一样，表明实际使用不会有问题。

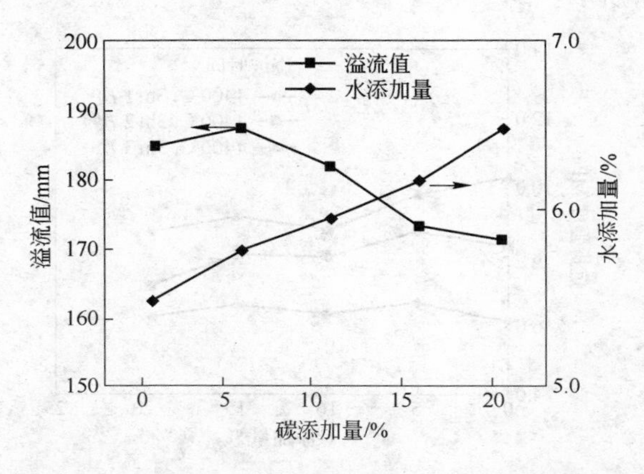

图 5－16 溢流值、水添加量和碳添加量之间的关系

图5－17则表明，炭颗粒添加量增加，气孔率有上升的趋势，但总气孔率变化很小。

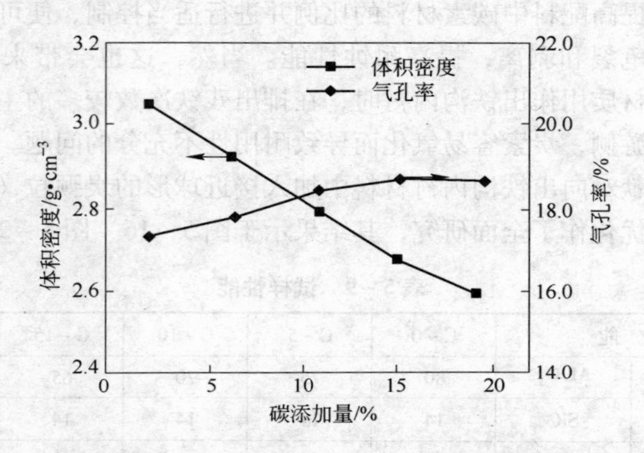

图5－17 在1400℃热处理后体积密度、气孔率和碳添加量的关系

加炭颗粒对1400℃的高温抗折强度的影响较小（图5－18），但却能明显地降低弹性率（图5－19）。此外，添加炭颗粒的Al_2O_3（$-SiO_2$）$-SiC-C$质耐火浇注料的高温线膨胀率较小，残余膨胀大（图5－20），抗侵蚀性提高，并以加入10%～15%炭颗粒为最佳，如图5－21所示。

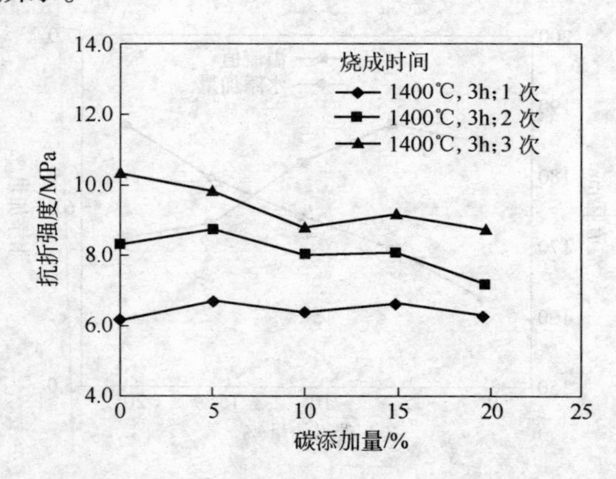

图5－18 在1400℃热处理后抗折强度与碳添加量的关系

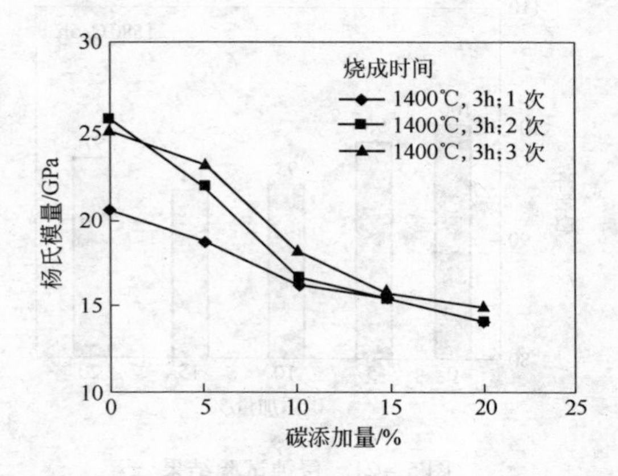

图 5－19 在 1400℃热处理后杨氏模量和碳添加量的关系

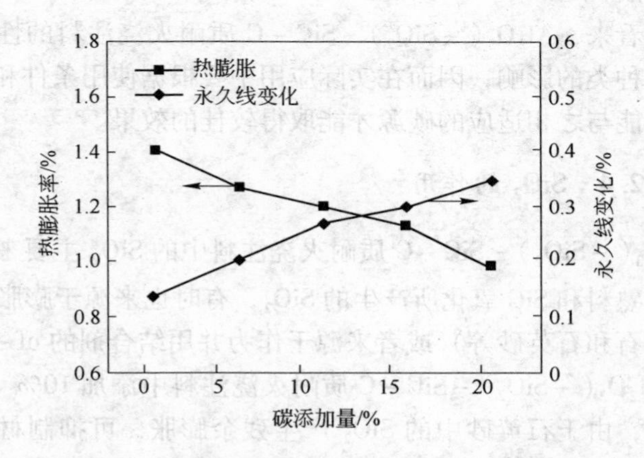

图 5－20 热膨胀、永久线变化和碳添加量的关系

添加 20% 炭颗粒的 Al_2O_3（$-SiO_2$）－SiC－C 质耐火浇注料的抗侵蚀性反而不如加入 10% 炭颗粒的好，其原因显然是因为前者的气孔率高，同时其强度低。

加入 10% 炭颗粒的 Al_2O_3（$-SiO_2$）－SiC－C 质耐火浇注料用于高炉出铁沟下游时，其损毁速率比未添加炭颗粒的同材质降低了 10%，并且在龟裂和剥离方面也有所改善（即大幅度地抑制龟裂的

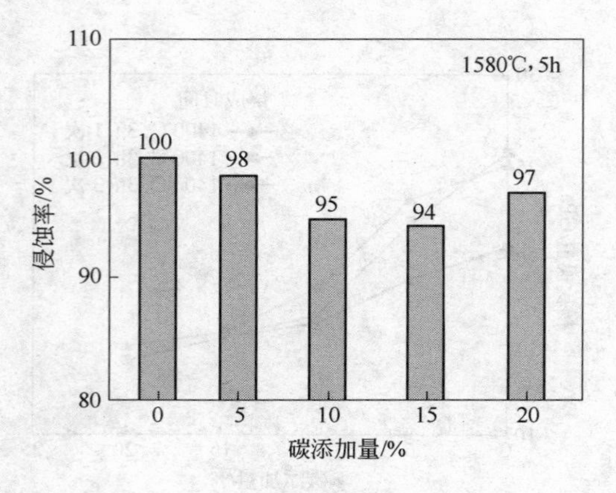

图 5－21 侵蚀试验结果

产生和扩展)。

由此看来，Al_2O_3(－SiO_2)－SiC－C 质耐火浇注料的性能明显地受到碳源种类的影响，因而在实际应用中要根据使用条件和热工设备类型选择能与之相适应的碳源才能取得较佳的效果。

5.2.2.4 SiO_2 的作用

Al_2O_3(－SiO_2)－SiC－C 质耐火浇注料中的 SiO_2 主要来源于主原料中矾土熟料和 SiC 氧化所产生的 SiO_2，有时也来源于膨胀剂（蓝晶石、叶蜡石和石英砂等）或者来源于作为并用结合剂的 uf－SiO_2。

向 Al_2O_3(－SiO_2)－SiC－C 质耐火浇注料中添加 10%（－1mm）的石英砂，由于石英砂中的 SiO_2 产生残余膨胀，可抑制材料在反复的热循环中所导致的裂纹产生，从而大幅度地提高该类材料的使用寿命。

此外，在 Al_2O_3（－SiO_2）－SiC－C 质耐火浇注料中并用 uf－SiO_2 作为结合剂时可降低用水量，提高流动性以及材料的物理性能。因为 uf－SiO_2 粒度细小，具有充填颗粒结构间隙的作用。李亚伟等曾对此作了研究，其结果如图 5－22～图 5－26 所示。他们选用致密刚玉、球沥青和黑色碳化硅为主原料，各试样的基质组成如表 5－10 所示。

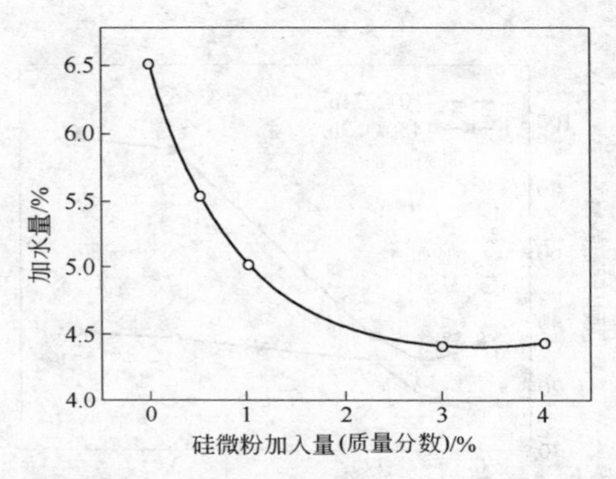

图 5-22 浇注料加水量与硅微粉加入量的关系（浇注料流动值为 180mm）

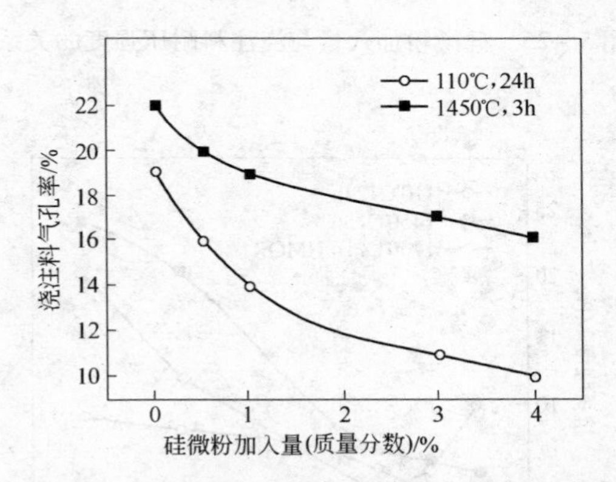

图 5-23 硅微粉加入量与浇注料气孔率的关系

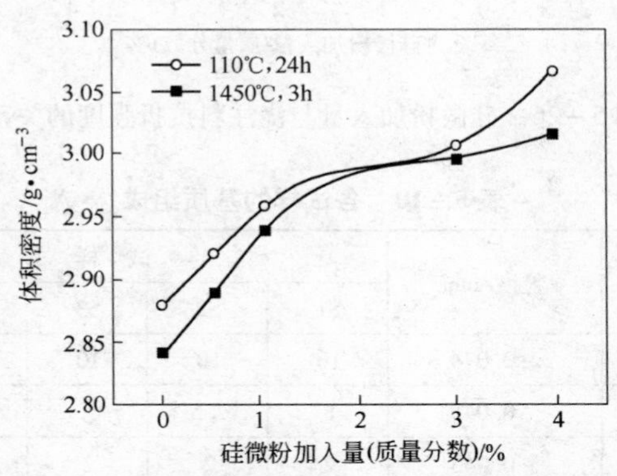

图 5-24 硅微粉加入量与浇注料体积密度的关系

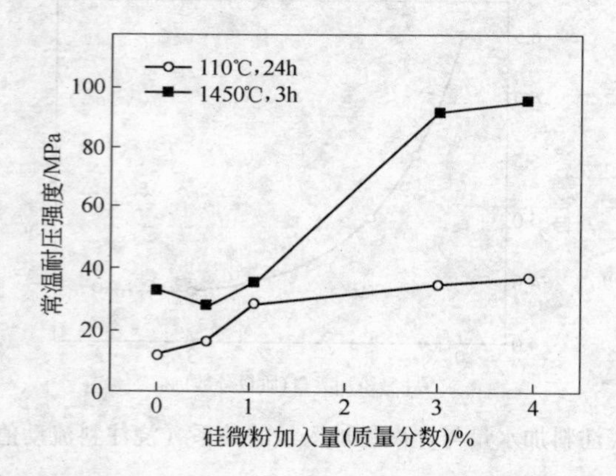

图5-25 硅微粉加入量与浇注料耐压强度的关系

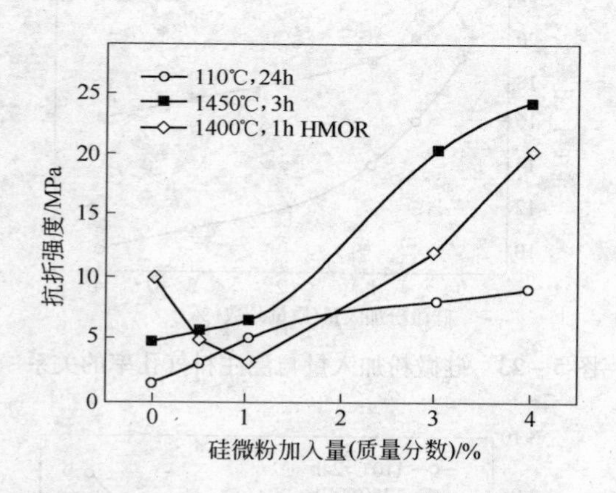

图5-26 硅微粉加入量与浇注料抗折强度的关系

表5-10 各试样的基质组成

原 料	粒度/mm	试 样 号				
		S1	S2	S3	S4	S5
黑色 SiC	-0.074	10	10	10	10	10
致密 Al_2O_3	-0.045	8	7.5	7	8	7
Secar 71 水泥	-0.045	2	2	2	2	2

续表5－10

原 料	粒度/mm	试样号				
		S1	S2	S3	S4	S5
Al_2O_3 微粉	$D_{50}=2.2\mu m$	6	6	6	3	3
硅微粉971u	$D_{50}=1.2\mu m$	—	0.5	1	2	3
减水剂		0.1	0.1	0.1	0.1	0.1

硅微粉对 $Al_2O_3(-SiO_2)-SiC-C$ 质耐火浇注料的流动性能、常温物理指标和高温抗折强度都有明显的作用。随着硅微粉加入量的增加，$Al_2O_3(-SiO_2)-SiC-C$ 质浇注料达到规定流动值时的加水量下降，干燥和烧成后的显气孔率降低，体积密度、常温耐压强度均增加。而随着硅微粉加入量的增加，$Al_2O_3(-SiO_2)-SiC-C$ 质浇注料的高温抗折强度先降低后升高。影响 $Al_2O_3(-SiO_2)-SiC-C$ 质耐火浇注料高温性能的主要因素是基质的组成。当基质组成位于 $CaO-Al_2O_3-SiO_2$ 三元系相图中的 $Al_2O_3-CA_6-CAS_2$ 相区时，高温时将产生相当数量的液相，导致高温抗折强度降低；当基质组成位于 $CaO-Al_2O_3-SiO_2$ 三元系相图中的 $Al_2O_3-A_3S_2-CAS_2$ 相区时，由于高温时生成莫来石，所以高温抗折强度提高。

硅微粉含量对 $Al_2O_3(-SiO_2)-SiC-C$ 质耐火浇注料高温抗折强度的影响可以用 $Al_2O_3-SiO_2-CaO$ 三元系相图来解释。未加硅微粉的试样S1（表5－10），其基质组成处于 $Al_2O_3-SiO_2-CaO$ 三元系相图中的 $Al_2O_3-CA_6$ 连线上，它们在1400℃时无液相产生，因而其高温强度理应很高，但由于未加硅微粉，用水量大，材料不致密，结果则导致高温抗折强度仅为10MPa左右；试样S2、S3的基质组成处于 $CaO-Al_2O_3-SiO_2$ 三元系相图中的 $Al_2O_3-CA_6-CAS_2$ 相区，在高温下有相当数量的液相产生，故高温抗折强度低；试样S4、S5的基质组成位于 $CaO-Al_2O_3-SiO_2$ 三元系相图中的 $Al_2O_3-A_3S_2-CAS_2$ 相区，高温下生成莫来石，故高温抗折强度高，而且，该试样加水量少，结构致密也对高温抗折强度有贡献。

5.2.2.5 结合剂的选择

高炉出铁沟用 $Al_2O_3(-SiO_2)-SiC-C$ 质耐火浇注料的结合系

统，可以采用含水泥结合系统也可以采用凝胶系统。

当采用含水泥结合系统时，应按低水泥到超低水泥耐火浇注料进行设计。由 $CaO-Al_2O_3-SiO_2$ 三元系相图看出：当基质组成中 $CaO/Al_2O_3<0.09$（质量比）或1/6（摩尔比）时，液相最初出现的温度高于1495℃；而当这类耐火浇注料基质组成中仅含微量CaO时就可使液相最初出现的温度由1840℃下降到1512℃，说明 $Al_2O_3(-SiO_2)-SiC-C$ 质耐火浇注料中配入较高水泥用量是不合适的。因此，对于高炉出铁沟用 $Al_2O_3(-SiO_2)-SiC-C$ 质耐火浇注料（含水泥）最好按ULCC设计，同时并用 $uf-SiO_2$。

当采用凝胶系统时，最好采用铝凝胶和硅凝胶并用作为结合剂。不难预料，这类耐火浇注料会具有更高的使用性能。

表5－4对以上两类耐火浇注料的性能作了比较，图5－1则比较了它们的抗热震性能。由此可见，凝胶结合的耐火浇注料具有更高的性能指标。

现在，在许多产钢大国，除了一些小高炉因出铁场设备所限外，高炉出铁沟均倾向于采用ULCC或NCC（凝胶结合）耐火浇注料。

5.2.2.6 添加剂的作用

根据施工和使用要求，需要添加多种外加物对 $Al_2O_3(-SiO_2)-SiC-C$ 质耐火浇注料的性能进行优化。

众所周知，$Al_2O_3(-SiO_2)-SiC-C$ 质耐火浇注料在使用过程中会产生氧化现象，导致快速损毁。

人们对 $Al_2O_3(-SiO_2)-SiC-C$ 质耐火浇注料在大气中的氧化行为，已作过研究。试验是以圆柱体试样为对象在马弗炉中1400℃×6h进行的，并应用局部化学反应模型动力学方程对材料的脱碳速度进行了分析。在这种情况下，我们假定：

（1）界面上石墨的氧化用下式来描述：

$$2C(s)+O_2(g)=\!=\!=2CO(g) \tag{5-26}$$

（2）脱碳层气孔中，$O_2(g)$ 和 $CO(g)$ 之间出现的分子反扩散遵循菲克第一定律。

（3）氧化反应的全过程处于稳定状态，由此即可推导得到如下动力学方程为：

$$R/2K_G + Y/(4D_E)[(1-R)\ln(1-R)+R] + K/[K_f(1+k)] \times [1-(1-R)^{0.5}] = [(C_B - C_E)/(r_0 d_0)]t \quad (5-27)$$

式中，d_0 为石墨的真密度；R 为脱碳率；K_G 为在边界线的质量转换程度；D_E 为有效扩散系数；K 为平衡常数；K_f 为在氧化方向上的反应速度常数；C_B 为环境氧的含量；C_E 为平衡状态时氧的含量；r_0 为圆柱体试样的半径。

若通过脱碳层的质量转换处于控制状态，根据上述方程式计算出来的结果和实测结果分别示于图5－27和图5－28。如图5－28所示，当以 $(1-R)\ln(1-R)+R$ 对 t 作图时得一直线，说明上述假定是成立的。但不加 B_4C 的实测结果却是一个例外，其原因尚需研究。而添加1.0% B_4C 时即可降低脱碳速度。

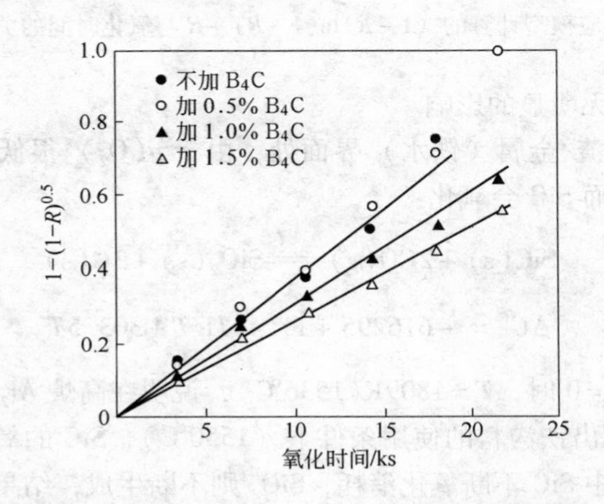

图5－27 含 B_4C 的 Al_2O_3-C 耐火材料根据局部化学反应模型计算的 $1-(1-R)^{0.5}$ 与氧化时间的关系

由上述结果可以推得 $Al_2O_3(-SiO_2)-SiC-C$ 质耐火浇注料的氧化受脱碳区域的质量转换控制。

通过模拟研究发现：

（1）在空气/渣界面处，当 $Al_2O_3(-SiO_2)-SiC-C$ 质铁沟料中加有Si时，Si会同C发生反应生成SiC而增加了SiC含量，但对抗

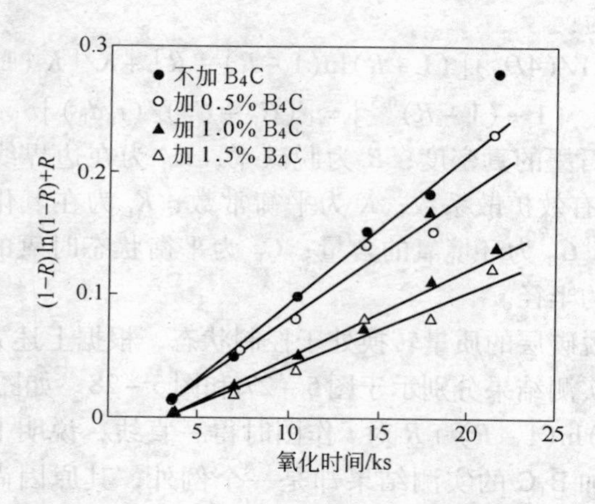

图 5－28 含 B_4C 的 Al_2O_3-C 耐火材料根据局部化学反应模型计算的 $(1-R)\ln(1-R)+R$ 与氧化时间的关系

侵蚀性能并无明显的影响。

（2）在渣/金属（铁水）界面处，由于 $p(O_2)$ 很低，而 $p(CO)$ 却很高，因而 SiC 会氧化：

$$SiC(s)+2CO(g)=\!=\!=SiO_2(s)+3C(s) \quad (5-28)$$

$$\Delta G^{\ominus}=-616295+11.43T\lg T+303.5T \quad (5-29)$$

当 $\Delta G^{\ominus}=0$ 时，$T=1809K(1536℃)$，说明在高炉 $Al_2O_3(-SiO_2)-SiC-C$ 质出铁沟料的使用条件下（1550℃），SiC 的氧化将必然发生，使材质中 SiC 不断氧化消耗，SiO_2 则不断生成，结果则会降低材料的抗侵蚀性能。由此看来，在渣/铁水界面处的沟衬中没有必要添加 Si。

在 $Al_2O_3(-SiO_2)-SiC-C$ 质耐火浇注料中添加 Si 粉，它将同材料中的碳素发生反应：

$$Si(s)+C(s)=\!=\!=SiC(s) \quad (5-30)$$

$$3SiC(s)+2N_2(g)=\!=\!=Si_3N_4(s)+3C \quad (5-31)$$

其中，反应式（5－30）是主体，生成的 SiC 是 β－SiC，呈粒状，而反应式（5－31）生成的 Si_3N_4 为板状。Si 和 C 的反应在 1000～1150℃开始以明显的速度进行。然而，这种固相反应需要以互相接触为前提，当 Si 颗粒（粉）生成一薄层 SiC 之后，其反应速度则会放慢甚至停止。因此，只有提高温度，通过液相或者气相才能加快反应速度。

由 Si－C 相图（图 4－1）看出，Si 的熔点为 1410℃，当温度上升到 1405℃时即会出现液相，C 则溶解于富 Si 液相中，而且伴有较大的放热效应，反过来又提高了 C 的溶解度，促进富 Si 液相中 C 增大，使 C 溶解到局部区域形成很高的温度梯度和 C 的浓度梯度，从而促进了 C 从高浓度梯度区域向低浓度梯度区域扩散，并在低温区析出 SiC，在材料中形成互穿网络，强化组织。上述反应过程为溶解－沉淀过程，温度梯度和浓度梯度是该反应的推动力。研究结果还表明，少量 Si 粉加入材料中有利于提高烧成后的结构强度（图 5－29）和高温强度（图 5－30），但对抗渣性的影响不大（图 5－31）。这显然是由于 Si 和 C 反应生成原位 SiC 在材料中形成互穿网络，具有强化组织的作用，其被生成大量 SiC 而导致氧化行为所抵消，结果为虽然增加了材料强度但却对其抗渣性影响不大。

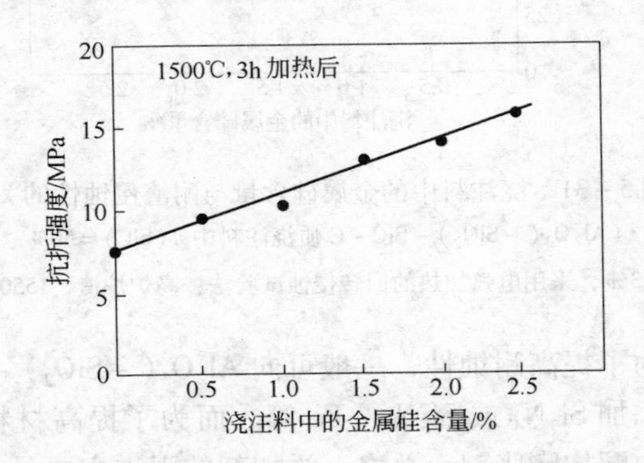

图 5－29　浇注料中的金属硅含量与抗折强度的关系

由以上讨论可以得出结论：在 $Al_2O_3(-SiO_2)-SiC-C$ 质耐火浇注料中添加少量 Si 粉可促进材料烧结，降低气孔率，提高机械强度和高温强度，阻止 C 的氧化。

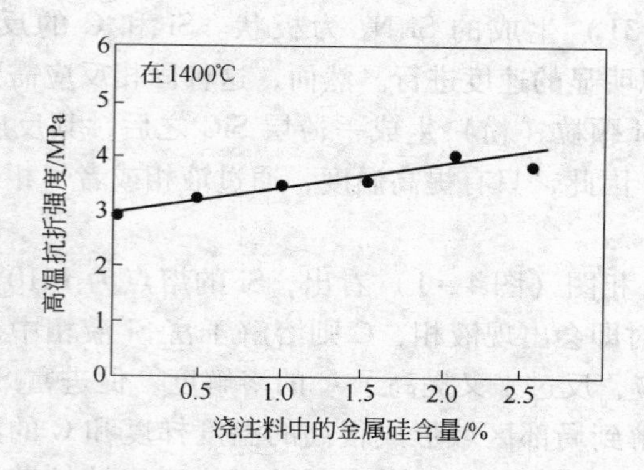

图 5－30 浇注料中的金属硅含量与高温抗折强度的关系

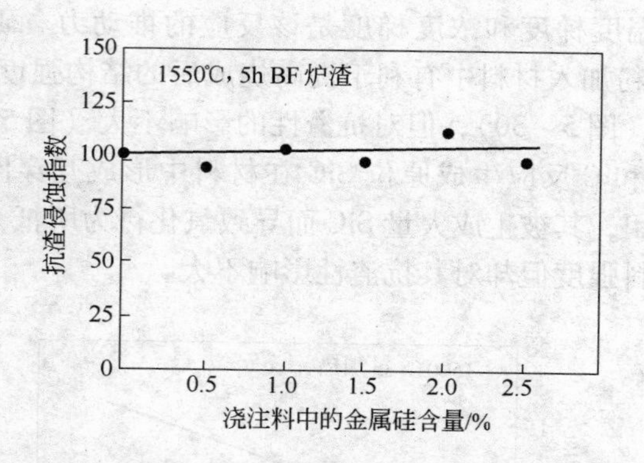

图 5－31 浇注料中的金属硅含量与耐渣侵蚀性的关系

（Al_2O_3（－SiO_2）－SiC－C 质浇注料中 w(SiC)＝50%、
w(C)＝3%，采用电弧加热的回转侵蚀试验法：高炉炉渣，1550℃，5h）

此外，为了提高耐蚀性，一般可向 Al_2O_3（－SiO_2）－SiC－C 质耐火浇注料中添加 Si_3N_4 或 Si_3N_4－Fe 等。而为了提高材料的体积稳定性则向配料中配加膨胀剂。总之，添加剂的引进主要是对这类耐火浇注料的性能进行优化，以获得较长的使用寿命。

6 硅碳及其硅碳复合耐火材料

本章主要讨论硅碳（碳化硅，SiC，又名金刚砂）和全由单一化合物——SiC 组成的耐火材料，以及为了某种应用，SiC 也被与其他耐火材料混合使用以形成一种合适的复合耐火材料及其相关问题。

6.1 SiC 的合成、结构和性质

SiC 是碳和硅的化合物，不存在于地壳中。因此，SiC 是一种人工合成的矿物。天然 SiC 仅存在于陨石中，且数量极其微少。

6.1.1 SiC 的工业制备及 SiC 的结构

SiC 是按照艾奇逊（Acheson）法制造的。用石英、碳和锯末在电弧炉中煅烧时发生下列反应：

$$SiO_2 + 3C = SiC + 2CO \quad (6-1)$$

上式是许多反应的综合式，中间形成的 SiO 在反应中有很大的作用。而且，在不同的温度范围产生的过程也不完全一样。

事实上，式（6-1）的反应过程及其速度，不仅取决于热力学条件和系统相对平衡位置，而且还取决于动力学因素，取决于反应物的接触、引起反应产物远离及其他构成机理的过程。如果反应物没有被导致极大的分散，而且没有用特殊方法造成紧密的接触时，那么对于达到实际上有价值的反应速度来说是不可能的。而固体（C 和 SiO_2）的接触通常都是不很充分的，因为在 C 还原 SiO_2 制备 SiC 的过程中，最终产物（SiC）是固体，它的形成也破坏了反应物之间的接触。

通常，在反应过程中，只有在一个或者两个反应成分转变为液相或气相时才可以达到必需的反应速度。而在 C 还原 SiO_2 的反应中，由于 C 和 SiO_2 均不能在还原反应过程中产生极其易动的液相，因而可以肯定，气相应在该还原过程中起基本的作用。也就是说，反应物转变为气相的速度决定 C 还原 SiO_2 生成 SiC 的反应速度，即：

$$SiO_2(s) + C(s) = SiO(g) + CO(g) \quad (6-2)$$

$$SiO(g) + 2C(s) = SiC(s) + CO(g) \quad (6-3)$$

式（6－2）+式（6－3）即可得到总反应：式（6－1）。表6－1列出了反应（6－2）中 SiO(g) 的平衡压力。

表6－1　$SiO_2(s) + C(s) = SiO(g) + CO(g)$ 反应中 SiO 的平衡压力

温度/℃	$\lg p(SiO)$	$p(SiO)$/atm
727	−9.069	8.531×10^{-10}
927	−6.132	7.379×10^{-7}
1127	−4.035	9.226×10^{-5}
1227	−3.929	1.178×10^{-4}
1327	−2.469	3.396×10^{-3}
1410	−1.891	1.285×10^{-2}
1527	−1.264	5.445×10^{-2}
1627	−0.7668	1.708×10^{-1}
1727	−0.2896	5.176×10^{-1}
1800	0	1.0
1827	0.112	1.294
1927	0.4766	2.996（外推）

在利用碳还原 SiO_2 制备 SiC 的过程中，SiC 的生成反应从约1450～1470℃开始，首先生成的是微细的立方晶体即β－SiC（初生 SiC，或“无定形 SiC”）。立方晶体（β－SiC）只有自熔融物（如 CaC_2 等）中结晶出来才是稳定的矿物，在电弧炉合成的立方晶体（β－SiC）是不稳定的，当继续加热到高于2000℃时便转化为α－SiC（开始转化温度约为2100℃）。此时，其转化速度很慢，只有温度上升到2400℃时，β－SiC 才能完全转化为α－SiC。应当指出，在β－SiC 的稳定温度范围内尚未发现从α－SiC 直接转化为β－SiC 的现象。但却发现由 $SiCl_4 + C_7H_8 + H_2$ 或 $CH_3SiCl_3 + H_2$ 的反应混合物于1400～1500℃时生成了α－SiC 晶须。不过，目前对α－SiC 及β－SiC 的稳定情况还没有完全弄清楚。根据推测，SiC 在高温下的转化可能是经过气相进行的，而且与压力有关，在1350℃下，热压（单位压力为

70～85MPa）β－SiC可以转化为α－SiC。此外，N_2的压力也有影响。在N_2气氛中，β－SiC在高温下是稳定的，通过改变N_2压可以产生一种可逆转化。

现在，也有采用HSC（Hopkinville Silicon Carbide，1993）工艺连续生产SiC材料的。

HSC炉是一竖式圆筒形炉，其中心电极穿过炉盖并部分埋入粒状SiC流化床内。流态化所用气体为N_2。

加入电炉中的炉料为硅砂和石油焦的混合物，合成温度为1850～1900℃，生产的SiC由电炉底部排出。加料和产品排出是连续化的。

HSC工艺与传统艾奇逊炉所用的原料相同。该工艺的显著特点是，电炉生产是连续化的，产生的气体能被回收，而且容易进行处理，可有效保护环境。

由HSC工艺生产的SiC是一种高气孔的SiC聚合体，含有残余C，需要在随后的工序中去除。

HSC－SiC的整个加工工艺包括脱碳、湿法和干法研磨、风动和流体粒度分级、化学提纯和新型喷雾干燥。主要产品是一种可用于高级陶瓷的亚微米级碳化硅质陶瓷、可烧结粉体，亦可作为生产S－SiC耐火材料的原料。

Si－C二元系统相图（图4－1）中指出，SiC只有一个液固异质的熔点（异成分熔点）2830℃。在常压下，从2000℃起SiC已开始分解。在1850℃时SiC上的Si蒸气压约为10^{-4}MPa。

由图4－1还看出，在0.1MPa下，在约2000℃时发生晶型转化，即由低温型β－SiC转化为高温型α－SiC。前者属于立方晶系，仅一种晶型；后者属于六方晶系，有10种是六角形晶体，其余是菱形晶体，此外还可能出现不规则的错位。

在SiC结构中，由于两种原子的sp^3杂化，共价键占很大的比例。在Si—C键中只有约12%属于离子键的性质。SiC变态的晶格与金刚石的晶格非常相似，并且是由［SiC_4］和［CSi_4］两种四面体所构成的许多层形成的，其中每一种原子都形成最紧密的圆球排列，互相占据对方的四面体空隙。将一层Si和一层C合并作为一个偶层看待，立方晶体β-SiC具有闪锌矿型的结构，而α-SiC则具有许多不同的结构，差别在于偶层的不同排列顺序，即沿六方轴形成延长至某种程度的“超周期”或出现不规则的错位。因此，α-SiC的结构是多种多样的，而比较常见的结构为4H、6H和15R。但由于它们之间在性质上差别不大，在使用中不太重要。

SiC中没有发现不符合Si：C=1：1的非化学当量的情况。尽管一般SiC中含有Fe、Mg、Ca等杂质，但它们都没有进入SiC晶格中，而是堆积在晶粒的界面上或者气孔中。

6.1.2 SiC的性质

6.1.2.1 SiC的物理性质

纯SiC是无色透明的，但在一般情况下，SiC具有多色性，其色调与多型之间没有一定的关系。不过，进一步对各种晶型SiC进行分析和定量测定的结果却表明：4H型在浅绿色、绿色、黄色的SiC中均不存在，而6H型在绿色、黑色两种SiC中均存在，15R型在任何一种颜色的SiC中均存在少量，特别是在黄色的SiC中相当多。

SiC多色性的原因是其晶格中进入了其他原子。例如将无色SiC在N_2中1950℃加热5h后，N进入SiC晶格中，其颜色随着N浓度不同而出现由黄色到绿色。三价元素（B、Al）进入SiC晶格中时，其颜色则由蓝色到黑色。

工业上出产的两种SiC——黑色SiC和绿色SiC，除了颜色之外，在化学成分和物理性质上的差别极小。其颜色的区别在于：绿色SiC的杂质含量小而不同于黑色SiC。在这两种SiC的制造工艺上，仅仅以某些涉及不到制造过程本质的细节所区别。例如，在制造绿色SiC的条件下，采用比较纯净的原料，且配入比例有某些不同。表6-2比较了这两种SiC的一组配料方案，可以作为我们制造SiC的组分设计时的参考。表中所用原料的成分为：

石油焦炭：$w(C)=92\%\sim95\%$，灰分$<3\%$，水分：$2\%\sim3\%$；

石英砂：$w(SiO_2)\geq97.5\%$，含微量R_2O_3与其他杂质。

表 6－2 制造 SiC 的配料组成 （质量分数,%）

项 目	黑色 SiC	绿色 SiC
石油焦炭	22.5	34.5
石英砂	44.0	53.5
返回料①	30.7	—
食盐	—	8.5
锯木屑	2.8	3.5

① 返回料为生产中的半成品，即非晶形 SiC。

6.1.2.2 SiC 的化学反应性

尽管 SiC 具有优良的物理化学性能，而获得广泛应用，但它却存在容易受到碱性物质的侵蚀和容易氧化的缺点。表 6－3 归纳了 SiC 与某些物质的反应性。

表 6－3 SiC 与某些物质的反应性

反应物质	反应条件	反应情况
H_2，N_2，CO	<1300℃	无反应
空气	<1300℃	稍反应
	1300～1600℃	形成氧化层
	1750℃	迅速氧化分解
水蒸气	低温加热	反应
Cl_2	600℃	表面侵蚀
	1300℃	完全被分解
S	1300℃	激烈反应
HCl，H_2SO_4，HNO_3	煮沸	无反应
NaOH	<500℃	不侵蚀
	>900℃	腐蚀
KOH	熔融	被分解
K_2CO_3	熔融	被分解
Cr_2O_3	1370℃	形成金属硅化物
MgO	1000℃	侵蚀
CaO	1000℃	侵蚀

表6－3表明，SiC不仅容易被氧化性气氛（如O_2、CO、CO_2、$H_2O(g)$、氧化铁和熔融碱液所侵蚀，而且在熔融铁液或者真空状态下容易分解。

SiC具有强还原性，但在实际使用中，由于表面形成了SiO_2保护层，显示的耐火性能还是比较高的。

虽然SiC在强还原性气氛中直至2454℃仍然稳定（图4－1），但在高氧化性气氛中却会发生氧化反应。SiC的氧化行为取决于气氛中氧分压的高低。一般认为，氧气和空气气氛均属于高氧分压的条件，而保护气氛（CO、CO_2和N_2）则为低氧分压的条件，但这不够严密。严格地讲，应以O_2分压同CO(g)和SiO(g)分压之和的比值来判断，认为：

（1）$p(O_2)>p(CO+SiO)$为高氧分压条件；

（2）$p(O_2)<p(CO+SiO)$为低氧分压条件。

当气氛中O_2含量高（$p(O_2)>p(CO+SiO)$）时：

$$SiC(s)+3/2O_2(g)=\!=\!=SiO_2(s)+CO(g) \tag{6-4}$$

$$\Delta G^{\ominus}_{6-4}=-946350+74.67T \tag{6-5}$$

可使SiC制品表面生成SiO_2，形成SiO_2保护层。SiC这种氧化反应称为钝化氧化。

当气氛中O_2含量不高（$p(O_2)<p(CO+SiO)$）时：

$$SiC(s)+O_2(g)=\!=\!=SiO(g)+CO(g) \tag{6-6}$$

$$\Delta G^{\ominus}_{6-6}=-155230-170.25T \tag{6-7}$$

生成气体SiO，在SiC制品表面不能形成SiO_2保护层，因而会加速SiC表面的进一步氧化。SiC的这种氧化称为活性氧化。

SiC材料的这两种氧化行为可用图6－1的图解来描述。

也有文献报道在氧分压较高时，SiC的氧化开始较剧烈，但在3h以后的氧化率几乎为零。分析表明，此时有SiO_2保护层形成；在氧分压较低时，SiC表现为较长时间的慢速氧化，而且表面形成纤维状的SiO_2。图6－1示出了SiC低水泥耐火浇注料氧化时SiO_2保护层和纤维状的SiO_2形成的示意图。

由反应式（6－4）和反应式（6－6）可以得出：

$$SiO_2(s)=\!=\!=SiO(g)+1/2O_2(g) \tag{6-8}$$

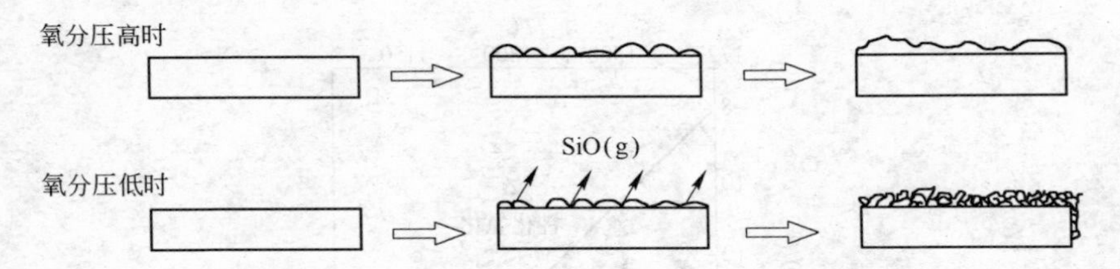

图 6－1 SiC 制品氧化时 SiO_2 薄膜和 SiO_2 纤维形成示意图

$$\Delta G_{6-8}^{\ominus} = 791120 - 244.92T \tag{6-9}$$

反应式（6－8）相当于 SiC 制品表面形成 SiO_2 保护层以及 SiO_2 保护层气化、破坏的转换反应方程式。

以空气环境为例，$p(O_2)/p^{\ominus} = 0.21$（$p^{\ominus}$ 为标准态压力），反应式（6－8）的自由能变为：

$$\begin{aligned}\Delta G_{6-8} &= \Delta G_{6-8}^{\ominus} + RT\ln(p(O_2)/p^{\ominus})^{1/2}p(SiO) \\ &= 791120 - 244.92T + RT\ln 0.21 + RT\ln(p(SiO)/p^{\ominus}) \\ &= 791120 - [244.92 + 0.5R\ln 0.21 - R\ln(p(SiO)/p^{\ominus})]T\end{aligned} \tag{6-10}$$

当 $\Delta G_{6-8} = 0$ 时，则：

$$244.92 + 0.5R\ln 0.21 - R\ln(p(SiO)/p^{\ominus}) = 791120/T \tag{6-11}$$

由式（6－11）的 ln（$p(SiO)/p^{\ominus}$）对 T^{-1} 作图可得图 6－2。该图表明的 $p(O_2) = 0.21p^{\ominus}$ 时，SiC 制品钝化氧化与活化氧化的区域由一条斜线分开。

当气氛中 $p(O_2) = np^{\ominus}$ 时，通过同样的计算即可得图 6－3（图中的 $n = 10$）。

图 6－2 和图 6－3 示出了在 $p(O_2)/p^{\ominus} = 0.21$（空气中）及 $p(O_2)' = 10p^{\ominus\prime}$（含 O_2 气氛中）时 SiC 活化氧化与钝化氧化的条件，可作为设计含 SiC 质耐火材料使用时的依据。

对于 SiC 或含 SiC 的耐火材料来说，由于使用了不同的结合剂，各种 SiC 或含 SiC 的耐火材料的显微结构、相组成也会不同，因而在使用过程中，其氧化过程会有差异。但在氧化性气氛（氧分压高）的情况下，其氧化机理却是相似的。

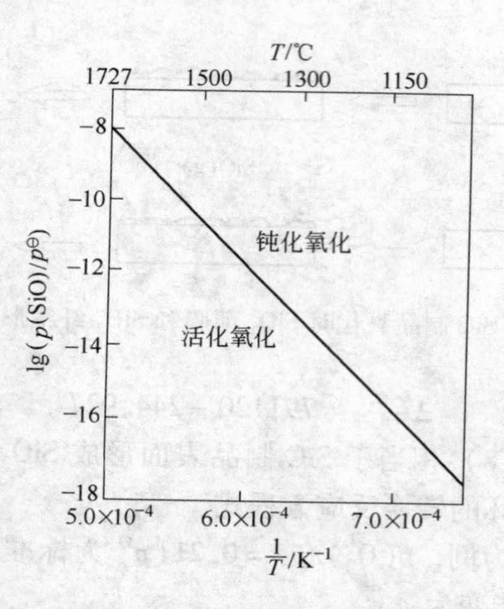

图 6－2　SiC 在空气中活化氧化与钝化氧化的分界线

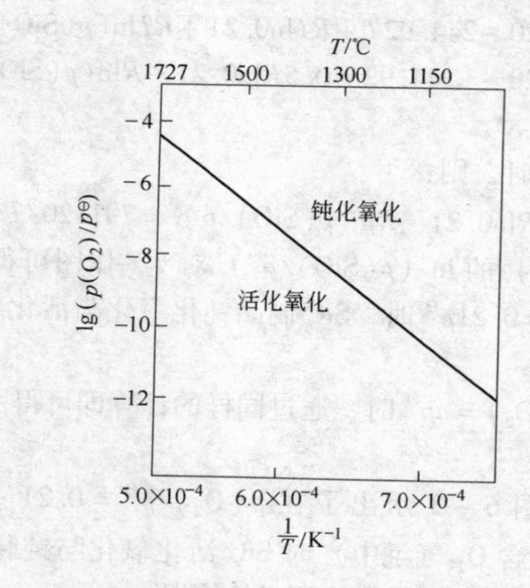

图 6－3　SiC 在含 O_2 气氛中（$p'(O_2)=10p'(SiO)$）活化氧化与钝化氧化的分界线

对于高氧分压条件，如果 SiC 表面 SiO_2 保护层一旦由于温度变化和机械冲击出现裂纹和剥落时，裸露出来的 SiC 部分就会立即氧化，形成新的保护层。这个氧化反应反复发生，氧化则缓慢地进行下去，而且再生保护层主要是 SiO_2，其体积比 SiC 大，特别是由于结晶和形成鳞石英及方石英会使表面产生较多裂纹，可渗透性增强，从而导致氧化反应继续进行下去。如果保护层不发生损伤，那么 SiC 的氧化就会被充分抑制。

当 SiC 和含 SiC 质耐火材料在保护性气氛中使用时，由于氧分压低，生成的 SiO(g) 则不能形成保护层，而是积存在耐火材料的气孔内。当生成更多的 SiO(g) 时，就会扩散出去，这可导致耐火材料的质量降低。如果氧分压增高，SiO(g) 则会转化为 SiO_2 (s)：

$$SiO(g) + 1/2O_2(g) = SiO_2(s) \qquad (6-12)$$

另外，当气氛中同时存在水蒸气时，也会显著地促进 SiO_2(s) 的形成，如图 6-4 所示。基于热力学最大可能发生的化学反应，SiC 与 O_2(g)、CO_2(g) 和 H_2O(g) 及 SiO_2 反应示意图如图 6-5 所示。不过，加入合适的抑制剂便可有效地抑制 SiC 及含碳质耐火材料的结构破坏，提高抗氧化性。

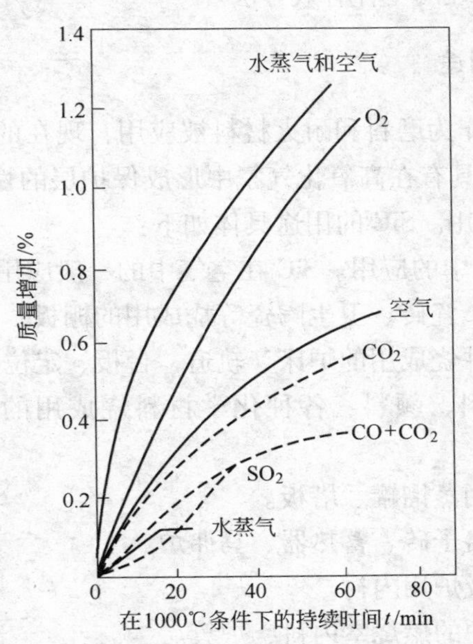

图 6-4　1000℃下各种气体中的 SiC 颗粒的抗氧化作用

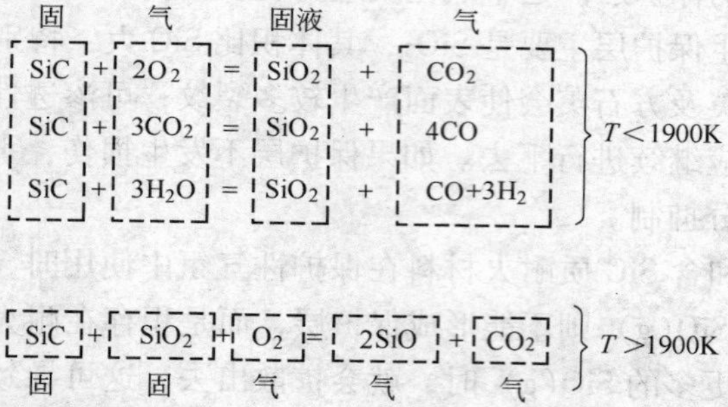

固　气　固液　气

$$\left.\begin{array}{l} SiC + 2O_2 = SiO_2 + CO_2 \\ SiC + 3CO_2 = SiO_2 + 4CO \\ SiC + 3H_2O = SiO_2 + CO + 3H_2 \end{array}\right\} T < 1900K$$

$$SiC + SiO_2 + O_2 = 2SiO + CO_2 \quad \} T > 1900K$$

固　固　气　气　气

图 6－5　SiC 与 O_2、CO_2、H_2O 及 SiO_2 反应示意图

提高 SiC 和含 SiC 耐火材料的抗氧化性的方法也有将易于形成玻璃相的钠盐溶液或溶胶渗入到材料的开口气孔内，根据液相烧结条件的不同，其使用寿命可延长 18% ~50%。用等离子喷涂工艺，在 SiC 及含 SiC 质耐火材料表面形成能减少氧扩散的防护层，也是改进这类耐火材料抗氧化性的一种有效方法。

6.1.3　SiC 的用途

SiC 原来是作为磨料和耐火材料被应用，现在的使用范围更加广泛了。由于 SiC 具有在高氧化气氛中形成保护层的性能，因而 SiC 能在高温空气中使用。SiC 的用途具体如下：

（1）在空气中的应用。SiC 在空气中的一般应用如下：

1）陶瓷器、瓷砖、卫生陶瓷等烧成用的棚板、支柱。

2）电子部件烧成用的炉床、轨道、台板、定位器、匣钵。

3）荧光涂料、颜料、各种化学材料烧成用的炉床、轨道、台板、匣钵。

4）锌蒸馏用蒸馏罐、塔板。

5）滑道、格子砖、蓄热器、马弗炉。

6）城市垃圾炉用内衬。

7）一般窑炉的燃烧室内衬、炉箅。

（2）在保护气氛中的应用。如下：

1）金属热处理（光亮、渗碳、氮化、淬火）炉子的炉床、夹具。

2）粉末冶金烧结炉用的炉床、夹具，钎焊炉用的炉床、夹具。

(3) 熔融有色金属领域中的应用。如下：

铝电解槽、熔融炉、保温炉、过滤炉的内衬、夹具。

(4) 作为结构材料的应用。SiC 可用在棚板组装梁、吊棒、支棒中。

(5) 作为磨料和耐火材料的应用。SiC 作为磨料和耐火材料应用方面的主要用途有三个方面：

1）用于制造磨料磨具；

2）用于制造电阻发热元件——硅碳棒、硅碳管等；

3）用于制造耐火材料等。

作为特种耐火材料，它在钢铁冶炼中用作高炉、化铁炉等冲压、腐蚀、磨损严重部位的耐火内衬材料；在有色金属（锌、铝、铜）冶炼中作为冶炼炉内衬材料、熔融金属的输送管道、过滤器、坩埚等；在空间技术上用作火箭发动机尾喷管、高温燃气透平叶片；在硅酸盐工业中，大量用作各种窑炉的棚板、马弗炉炉衬、匣钵；在化学工业中，用作油气发生器、石油气化器、脱硫炉炉衬等。

此外，SiC 还能同其他耐火氧化物和/或非耐火氧化物搭配制造含 SiC 的复合耐火材料（包括定形或者不定形耐火材料）。SiC 同其他耐火原料复合所构成的许多类型复合耐火材料，都有重要的用途，而且有的已早被广泛应用。在不定形耐火材料中，由于含 SiC 的不定形耐火材料的热导率高，线膨胀系数小，具有高耐磨损性和几乎不与高炉炉渣反应等特性，因而它们已经广泛应用于钢铁工业、垃圾焚烧炉、水泥行业、热电厂等工业领域，具有其他不定形耐火材料不可替代的优越性能。表 6－4 列出了含 SiC 不定形耐火材料的主要应用场合和性能特点。

表 6-4 含 SiC 不定形耐火材料的主要应用场合和性能特点

应用领域	具体部位	性能特点
钢铁系统	高炉出铁口系统	抗渣侵蚀性、抗热剥落性
	高炉出铁口炮泥	抗渣侵蚀性、耐冲刷性
	高炉炉体压入料	抗渣侵蚀性、不易黏附性
	铁水预处理器衬体	抗渣侵蚀性、抗热剥落性
	熔融炉（冲天炉、感应炉）衬体	抗渣侵蚀性、抗热剥落性
	喷补或补炉料	抗渣侵蚀性
	接合火泥	抗渣侵蚀性
垃圾焚烧炉	燃烧室侧墙衬体	耐磨性、不易黏附性
	锅炉管保护衬	高导热性
水泥工业	水化窑预热器衬体	耐磨性、不易黏附性
火力电厂	火力电厂旋风分离器衬体	耐磨性、抗侵蚀性、高导热性、不易黏附性
有色冶炼	炼铜、铝、锌炉部分或全部炉体	抗渣侵蚀性
陶瓷行业	烧成窑中的棚板	热震稳定性、高热态强度
其　他	节能涂料、高温耐磨管衬、抗氧化剂等	热辐射性、耐磨性

6.2 相关相图

在讨论 SiC 质及其复合耐火材料之前，先简单介绍一下与 SiC 相关的相图是必要的。

6.2.1 Si-C 系

Si-C 系统平衡相图可见图 4-1。图中表明，SiC 是 Si-C 二元系中唯一的二元化合物，于 (2545±40)℃ 异成分熔融。图中同时表明，在 SiC-C 子系统中，SiC 同 C 共存的温度高达 (2545±40)℃，这表明 SiC-C 质耐火材料属于高温非常稳定的非氧化物系复合耐火材料。

此外，Si-SiC 子系统中富 SiC 区域中的混合物则属于 SiC-Si 质耐火材料的物相组成区域。

6.2.2 Si－C－O 系

Si－C－O 系几个断面图示于图6－6中。

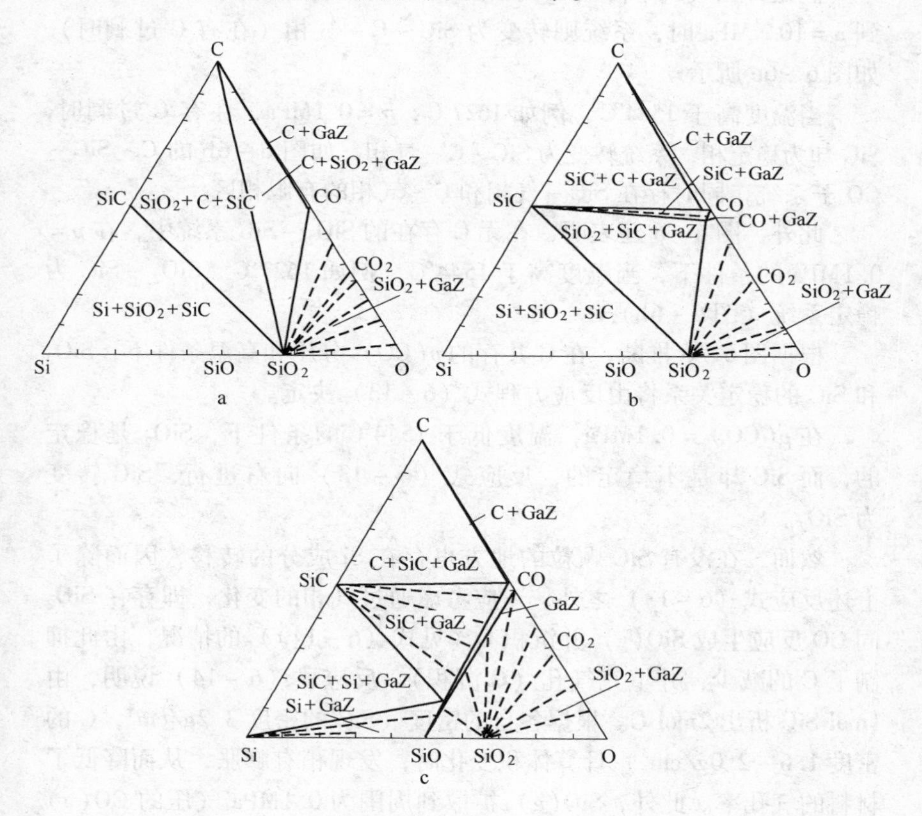

图6－6 Si－C－O 系相图

a—$T=1700$K，$p=0.1$MPa（1atm）；b—$T=1900$K，$p=0.1$MPa（1atm）；
c—$T=1700$K，$p=0.001$MPa（0.01atm）；GaZ—气体

它表明，当温度低于1544℃时，例如1427℃，在$p=0.1$MPa的条件下，由于SiC不稳定：

$$SiC(s)+2CO(g)═══SiO_2(s)+3C(s) \qquad (6-13)$$

系统将转变为$SiC-C-SiO_2$系统，如图6－6a的$C-SiC-SiO_2$

子系统。同时，亦存在一个通过中间形态 SiO(g) 的双重机理：

$$SiC(s) + CO(g) = SiO(g) + 2C(s) \quad (6-14)$$

$$SiO(g) + CO(g) = SiO_2(s) + C(g) \quad (6-15)$$

但是，当气压下降时，例如在 1427℃，气压由 $p = 0.1MPa$ 下降到 $p = 10^{-3}MPa$ 时，系统则转变为 SiC－C－气相（在有 C 过剩时），如图 6－6c 所示。

当温度高于 1544℃，例如 1627℃，$p = 0.1MPa$，在有 C 过剩时，SiC 却为稳定相，系统转变为 SiC－C－气相，如图 6－6b 的 C－SiC－CO 子系统，同时存在 SiC－气相和 C－气相的有限相区。

此外，图 6－6 还表明，在无 C 存在的 SiO_2－SiC 系统中，在 $p = 0.1MPa$ 的条件下，当温度高于 1544℃，例如 1627℃，SiO_2－SiC 为稳定系统（图 6－6b）。

根据图 6－6 推断，在 C 共存的 p(CO) 分压和高温条件下，SiO_2 和 SiC 的稳定关系将由反应方程式（6－13）决定。

在 $p(CO) = 0.1MPa$，温度低于 1544℃ 的条件下，SiO_2 是稳定的，而 SiC 却是不稳定的，反应式（6－13）向右进行，SiC 转变为 SiO_2。

然而，在没有 SiC 颗粒的地方也存在 Si 成分的转移，因而除了上述反应式（6－13）之外，还应考虑通过气相的变化，即存在 SiO_2 同 CO 反应生成 SiO(g) 并沉积 C（见式（6－14））的情况，由此抑制了 C 的减少，并填充气孔（C 沉积）。反应式（6－14）说明，由 1mol SiC 析出 2mol C。根据各自的密度（SiC 的密度 $3.2g/cm^3$，C 的密度 $1.6 \sim 2.0g/cm^3$）计算体积变化时，发现稍有膨胀，从而降低了材料的气孔率。此外，SiO(g) 扩散到周围为 0.1MPa 气压的 CO(g) 的领域中时，平衡分压降低，所以通过反应式（6－13），冷凝为 $SiO_2(s)$。

反应式（6－13）主要发生在 p(CO) 分压容易升高的耐火材料表面附近。冷凝的 $SiO_2(s)$ 使表面附近达到致密化，或者与炉渣反应，形成保护层，抑制 O_2 和炉渣的侵入，有利于提高这类耐火材料的抗侵蚀性。另外，SiO_2 一般能够提高炉渣的黏度，也有利于增强材料的抗侵蚀性。

陈肇友（2003）曾根据 C－O 系平衡在 1000℃以上的高温条件下气相中的 CO_2 和 O_2 甚微，而 CO 几乎高达 100% 这一事实，认为 Si－C－O 系中可能存在的相有 SiO_2、SiO、Si、SiC、C 和 CO，其中 CO 和 SiO 为气相。据此，他通过热力学计算，绘制了 Si－C－O 系在碳过剩存在的条件下，$p(CO)=0.1MPa$ 时各凝聚相稳定存在区域图，如图 6－7 所示。

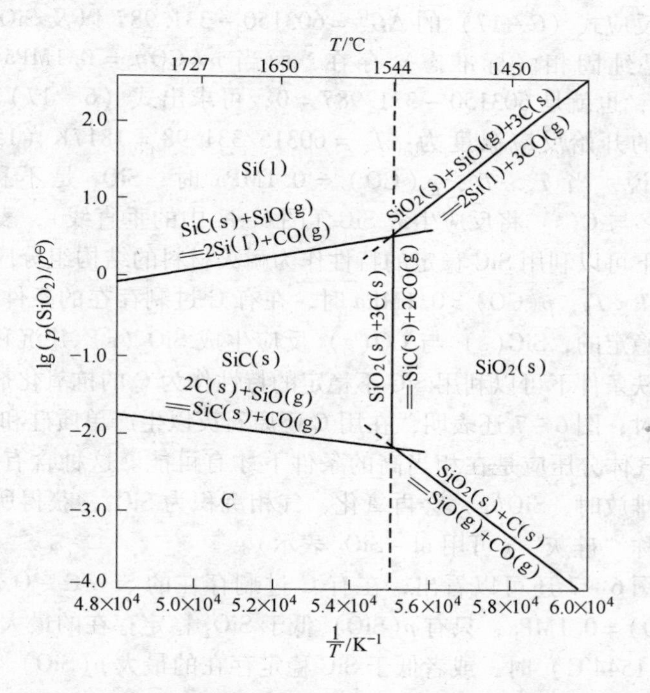

图 6－7 Si－C－O 系在碳过剩存在与 $p(CO)=p^\ominus$ 时各凝聚相稳定存在区域图

该图的重要性在于划定了各凝聚相稳定存在的区域以及各相相互转化所要求的 $p(SiO)$ 和 T 的条件：

$$SiO_2(s)+C(s)═SiO(g)+CO(g) \qquad (6-16)$$

$$\Delta G^\ominus = 676720-330.69T$$

$$SiO_2(s)+3C(s)═SiC(s)+2CO(g) \qquad (6-17)$$

$$\Delta G^\ominus = 603150-331.98T$$

$$2C(s) + SiO(g) = SiC(s) + CO(g) \quad (6-18)$$

$$\Delta G^{\ominus} = -73570 - 1.29T$$

$$SiC(s) + SiO(g) = 2Si(l) + CO(g) \quad (6-19)$$

$$\Delta G^{\ominus} = 155230 - 75.69T$$

$$SiO_2(s) + SiO(g) + 3C(s) = 2Si(l) + 3CO(g) \quad (6-20)$$

$$\Delta G^{\ominus} = 758380 - 407.69T$$

由反应式（6－17）的 $\Delta G^{\ominus} = 603150 - 331.98T$ 以及 SiO_2、C 和 SiC 都是纯固相（标准态）存在，而当 $p(CO) = 0.1MPa$ 时，令 $\Delta G^{\ominus} = 0$，也就是 $603150 - 331.98T = 0$，可求出式（6－17）在标准状态下的开始反应温度为：$T_k = 60315/331.98 = 1817K$（1544℃）。这就是说，当 $T > T_k$，$p(CO) = 0.1MPa$ 时，SiO_2 是不稳定的，$SiO_2(s)$ 与 C(s) 将反应生成 SiC（图 6－7 中的垂直线），表明在炼钢条件下可以利用 SiC 稳定的特性作为耐火材料的结构组分应用。相反，当 $T < T_k$，$p(CO) = 0.1MPa$ 时，在有 C 过剩存在的条件下，SiC 却是不稳定的，SiC(s) 与 CO(g) 反应生成 $SiO_2(s)$ 并沉积 C，表明在炼铁条件下可以利用 SiC 不稳定的特性作为 C 的抗氧化剂。

同时，图 6－7 还表明，在用 C 还原石英以生产单质硅和 SiC 时，其 SiO 气体分压应是在相当高的条件下才有可能。这种含有 SiO(g) 的烟气排放时，SiO(g) 会再氧化，气相沉积为 SiO_2，获得所谓硅微粉，俗称“硅灰”（可用 uf－SiO_2 表示）。

由图 6－7 还可以看出，在有 C 过剩存在的 Si－C－O 系统中，当 $p(CO) = 0.1MPa$，只有 $p(SiO)$ 低于 SiO_2 稳定存在的最大 $p(SiO)$（在 $T < 1544$℃）时，或者低于 SiC 稳定存在的最大 $p(SiO)$（在 $T > 1544$℃）时，Si 均可作为 C 的防氧化剂应用。而 $p(SiO)$ 这一要求对于含 C 耐火材料而言也都能满足。

6.2.3 Al－Si－C－O 系

当将 Al_2O_3 加进 Si－C－O 系统中时，或者当 SiC－Al_2O_3－SiO_2 同 C 共存时就成为 Al－Si－C－O 系统。该系统中凝聚相的稳定范围如图 6－8 所示。

对于含 C 耐火材料而言，在含 C 层中，$p(CO) \approx 0.1MPa$，当温

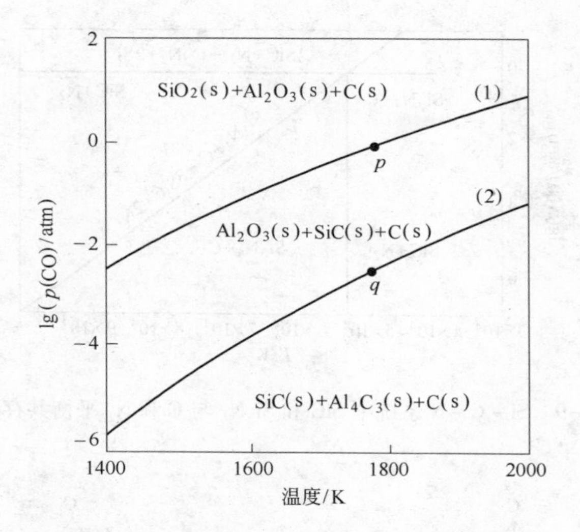

图 6–8　Al–Si–C–O 系相中的稳定范围

度低于 1544℃ 时，SiC 即会转变为 SiO_2，并沉积 C（参见式（6–13）），系统随之进入 $Al_2O_3 + SiO_2 + C$ 相区。在同一温度范围内时，如果 $p(CO) < 0.1MPa$，那么系统就会处于 $Al_2O_3 + SiC + C$ 相区内；如果 $p(CO)$ 进一步下降，系统则将进入 $SiC + Al_4C_3 + C$ 相区内。

按照图 6–8，在有 C 过剩存在的条件下，当 $p(CO) \approx 0.1MPa$，温度低于 1544℃ 时，$Al_2O_3 + SiO_2$ 稳定；当 $p(CO) \approx 0.1MPa$，温度高于 1544℃ 时，则 $Al_2O_3 + SiC$ 稳定；而 Al_4C_3 却只有在更低 $p(CO)$ 时才能稳定，表明在 $Al_2O_3 - SiO_2 - SiC - C$ 质耐火材料应用中，Al_2O_3 不大可能被 C 还原为 Al_4C_3。

图 6–8 的重要意义在于：$Al_2O_3 - SiO_2 - SiC - C$ 质耐火材料在炼铁条件下应用时，主要是利用 SiC 的不稳定性，而在炼钢条件下应用则是利用 SiC 可稳定存在的特性。

6.2.4　Si–C–N 系

图 6–9 示出了 Si–C–N 系统中 SiC 和 Si_3N_4 与 C 和 N_2 的平衡共存区域。图 6–10 则示出了该系统的两个等温断面。

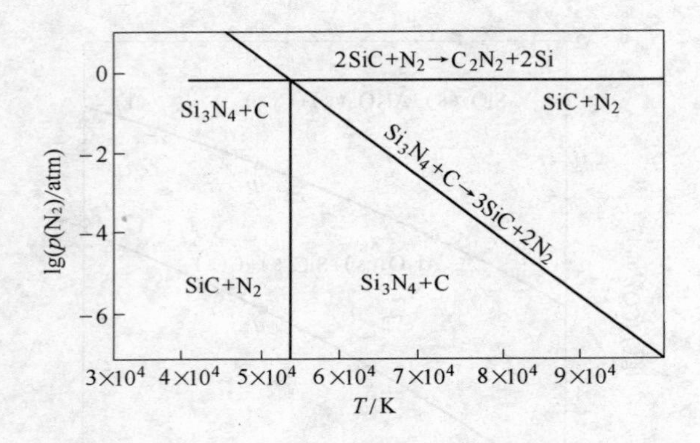

图 6-9 Si-C-N 系统中 SiC 和 Si_3N_4 与 C 和 N_2 平衡共存区域

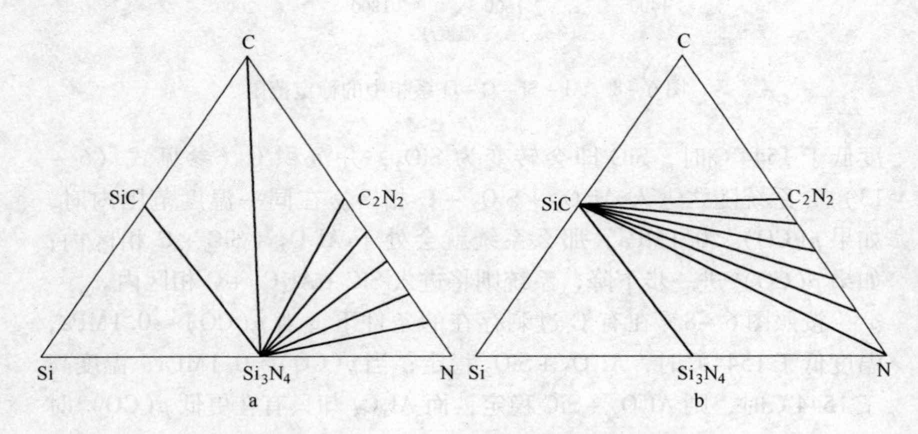

图 6-10 Si-C-N 三元系统的等温断面

a—1700K，0.1MPa 等温断面；b—2000K，0.1MPa 等温断面

这两幅图都表明，SiC、Si_3N_4 与 C 共存的相区范围比较窄，它取决于温度，同时也取决于 $p(N_2)$。

由图 6-9 看出，当 $p(N_2)=0.0655$MPa，$T=1550$℃时：

$$Si_3N_4(s)+3C(s)=\!=\!=3SiC(s)+2N_2(g) \qquad (6-21)$$

不过，此反应随 $p(N_2)$ 下降移向更低的温度范围，参见图 6-9。在 $p(N_2)=0.1$MPa 时，当 $T=1700$K（1427℃），$Si_3N_4(s)+SiC(s)$

+C(s)即可共存，也就是反应式（6-21）不能向右进行。但是，当温度 $T=2000\text{K}$（1727℃）时，只有 SiC(s)+C(s)共存，而 $Si_3N_4(s)$ 会按反应式（6-21）转变为 SiC 并放出 N_2（图 6-10）。

6.2.5 Si-C-N-O 系

Si-C-N-O 系在 $p(N_2)=0.1\text{MPa}$ 或 $p(N_2)=0.0661\text{MPa}$ 时，SiC、Si_3N_4、Si_2N_2O 与 SiO_2 和 C 共存的稳定区域如图 6-11 所示，图 6-12 则示出了 Si-N-O 系在不同温度时凝聚相稳定存在的区域。

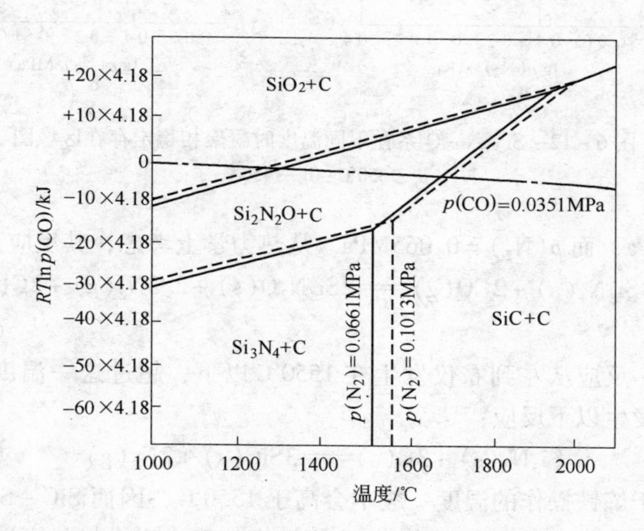

图 6-11 Si-C-N-O 系在 $p(N_2)=0.1\text{MPa}$ 或 $p(N_2)=0.0661\text{MPa}$ 时，SiC、Si_3N_4、Si_2N_2O 与 SiO_2 和 C 共存的稳定区域图

由图 6-11 看出，在与 C 共有的条件下，当 $p(N_2)=0.0661\text{MPa}$，$p(CO)=0.0351\text{MPa}$ 时，温度低于 1270℃，$SiO_2(s)$ 稳定；当温度在 1270～1675℃，Si_2N_2O 稳定；高于 1675℃时，SiC 稳定。这说明，在炼钢条件下，在有 C 存在时，SiC 是稳定的。

因为 Si_3N_4-C 质材料在空气中被氧化，反应发生在脱碳层与非脱碳层的界面处。在该界面，$p(O_2)$ 与 $p(CO)$ 相等，约为

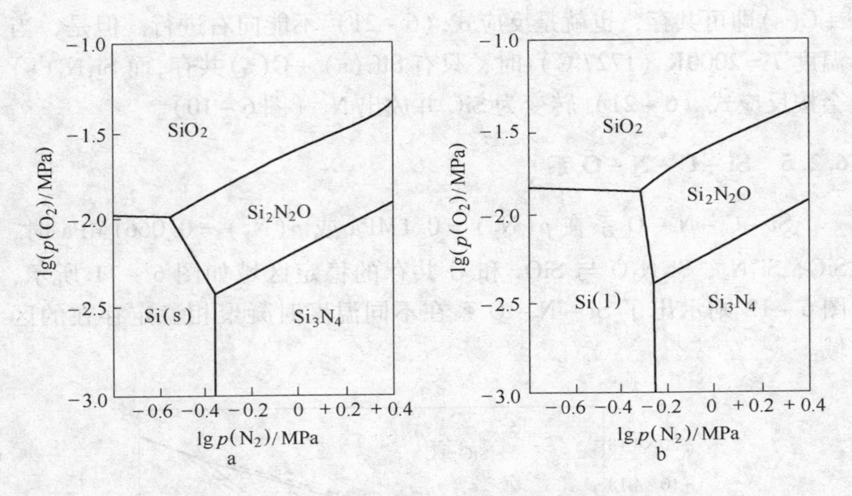

图 6－12 Si－N－O 系在不同温度时凝聚相稳定存在区域图

a—1350℃；b—1450℃

0.035MPa，而 $p(N_2)=0.065$MPa。从热力学上考虑，其反应是：

$$4/3Si_3N_4(s)+2CO(g) = 2Si_2N_2O(s)+2/3N_2(g)+2C(s) \quad (6-22)$$

这一反应从左到右仅发生在 1550℃以下，超过这一温度即与 C 作用，发生以下反应：

$$Si_3N_4(s)+3C(s) = 3SiC(s)+2N_2(g) \quad (6-23)$$

由于炼铁操作的温度一般不会高于 1550℃，因而 SiC－Si_3N_4－C 系非氧化物与 SiO_2－Al_2O_3 系氧化物组成的复合耐火材料可以作为炼铁工业使用的重要复合耐火材料。

6.3 SiC 质耐火材料的起源和发展

SiC 自 1891 年由 E. G. Achrson 发现用电炉生产以后，就被应用于人造磨料（利用其硬度）。其后，在 1893 年开始用作高温材料，尤其是依据 SiC 高导热性等许多优良性能，用作耐火材料。

如众所周知，SiC 具有高导热性、高温强度大等优良性能，但同时也存在氧化、结构劣化变坏的缺点。显然，只有克服其缺点，赋予抗氧化性，才能形成在氧化环境中应用的耐火材料。

不过，SiC 在高温下与氧共存时发生的氧化，会在其表面形成玻璃化的氧化层（氧化膜）而成为保护层，抑制进一步氧化。这就为 SiC 质耐火材料制造技术的进步打下了坚实的基础。

当初，SiC 质耐火材料是以可塑黏土为结合剂制造的。由于这种 SiC 质耐火材料中黏土含量较多，所以在较低的温度下也能烧结。但也存在不能充分形成保护层、耐火度低和在低温下容易软化的缺点。因此，这种 SiC 质耐火材料无论是在抗氧化性上，还是在发挥 SiC 本来的特点上，都不够充分。

基于这种情况，根据使用目的，即需要改变 SiC 质耐火材料的结合剂的材质和用量，或者不加可塑黏土（即使加可塑黏土，其量也非常少或者以二氧化硅为结合剂），以提高其性能。同时，通过提高烧成温度，改变烧成气氛和烧成曲线，使 SiC 质耐火材料内部充分生成保护层而获得结合良好的材料。

后来，相继开发出不含黏土的 SiC 耐火材料，如以 Si、Si_3N_4、Si_2N_2O 等为结合剂的 SiC 耐火材料和自结合（自烧结）SiC 耐火材料以及莫来石和 Al_2O_3 结合的 SiC 耐火材料。

近年来，研究者向氧化物系、非氧化物系和复合耐火材料中配置一定数量的 SiC，以改进其性能而获得许多高性能复合耐火材料。根据使用要求，SiC 可以以颗粒状、粉状或者超细粉的形式配入。一般，根据材料中 SiC 的含量将前者（SiC 为骨料颗粒或细粉的一类 SiC 耐火材料）称为 SiC 耐火材料，而后者（含有一定数量 SiC 的各类复合耐火材料）则称为含 SiC 的复合耐火材料。

6.4 SiC 耐火材料的类型及其制造

SiC 耐火材料的基体（骨料颗粒）都是由 SiC 构成的，而基质（结合组织）可以由 SiC 构成，也可以由其他材料（非 SiC 即氧化物和非氧化物）构成。因此，人们就根据 SiC 耐火材料的结合方式大致分成两大类：

（1）自（SiC）结合 SiC 耐火材料；

（2）非 SiC 结合 SiC 耐火材料。

对于非 SiC 结合 SiC 耐火材料而言，根据其结合剂种类又可细分为氧化物结合 SiC 耐火材料和非氧化物结合 SiC 耐火材料。表 6－5 列出了几类典型 SiC 耐火材料的性能。

表 6－5 典型 SiC 耐火材料的性能

结合剂		氮化硅	氧氮化硅	硅酸盐	自结合	碳结合
体积密度/$g \cdot cm^{-3}$		2.65	2.60	2.60	2.63	1.98
显气孔率/%		14.3	15.0	14.5	16.0	14.4
耐压强度/MPa	室温	161	≥140	105	140	39
	1450℃	140	—	95	—	—
抗折强度/MPa	室温	43.5	45	31	51.1	17.8
	1450℃	54(1350℃)	36.5	14(1350℃)	—	9
线膨胀系数/$℃^{-1}$		4.7	5.0	4.7	5.5	—
荷重软化温度 T_2/℃		1850	—	1800	≤1700	—
导热系数/$kcal \cdot (m \cdot h \cdot ℃)^{-1}$		14.1	16.9	13.5	15.0	24
化学成分/%	SiC	75.6	89.1	89.2	94.0	21
	Si_3N_4	20.6	—	—	—	—
	Si_2N_2O	—	8.7	—	—	—
	SiO_2	2.9	—	7.7	3.0	11.0
	Al_2O_3	0.3	—	0.4	1.0	1.7
	Fe_2O_3	0.5	—	0.9	—	TFe1.9
	f－C	—	—	—	1.0	53.8

6.4.1 SiC 结合 SiC 耐火材料

全由单一 SiC 构成的耐火材料称为自结合（SiC 结合）SiC 耐火材料。它们的结合相是 β－SiC 或者 α－SiC，因此这类 SiC 耐火材料的组成中 SiC 含量达 100%。

6.4.1.1 β-SiC 结合 SiC 耐火材料

β-SiC 结合 SiC 耐火材料是在分级的 α-SiC 骨料中，按生成 β-SiC 的化学计量加入 Si 粉和石墨粉，加入有机结合剂后经混练、成型、干燥，埋碳（焦炭粒）中于 1400～1600℃烧成。在烧成过程中，Si 与 C 反应生成 β-SiC。采用该工艺制备的 SiC 耐火材料（制品）中的结合相除 β-SiC 外尚有少量 Si_2N_2O 等。显然，这类 SiC 耐火材料也可以称为自结合的、反应烧结的或直接结合的 SiC 耐火材料。

β-SiC 结合 SiC 耐火材料由于结合相 β-SiC 晶粒细小（直径约为 0.1μm 的纤维状 SiC），活性较高，故其抗氧化性、抗水蒸气以及结合力都不如 Sialon 和 Si_3N_4 等结合的 SiC 耐火材料。

6.4.1.2 再结晶 SiC 耐火材料（RSiC 制品）

再结晶 SiC 耐火材料的结合相是 α-SiC。为此，成型件（坯体）需要在隔绝空气的惰性气氛中于 2400～2500℃烧成，以确保 β-SiC 能全部转化为 α-SiC。在 2000～2100℃时产生蒸发或凝结以及表面扩散作用，形成无收缩自结合结构。最初（烧成前）和最终的密度保持不变，在晶体之间形成固态 SiC 结合。

为了获得高的未烧密度，配方设计应满足粗颗粒互相接触，粗颗粒之间的空隙应充满细颗粒的要求。因为 SiC 成型件（坯体）在烧成过程中不发生收缩，在整个烧成过程中，有效密度处于相同水平，所以烧结体的密度不变。

再结晶 SiC 耐火材料是一种具有约 20% 气孔率的多孔产品。由于气孔率高，几乎所有气孔都连通到表面，而且全是开口气孔。因此，再结晶 SiC 耐火材料的抗折强度较低，约为 9MPa。

再结晶 SiC 耐火材料显示出穿晶断口，强度不随温度升高而降低，而且经冷—热循环后其强度变化较小。

另外，正是因为再结晶 SiC 耐火材料烧结时的无收缩机理，因而能制作尺寸精确度非常高的大型部件。

再结晶 SiC 耐火材料的典型用途主要是制作烧成陶瓷用的窑具。

6.4.1.3 致密烧结 SiC 耐火材料（S－SiC 制品）

与再结晶 SiC 耐火材料不同，致密烧结 SiC 耐火材料所选择的原料是极细（通常为纳米）β－SiC 或者 α－SiC 粉或者 HSC－SiC 粉料，同时添加硼或铝或铍作为助烧剂（质量分数约为 1%），而且配料中至少含 1% 的 f－C。根据目标制品的形状和数量，将粉料加压成型，在惰性气氛中于 1900～2200℃进行烧成。

烧成的线性收缩为 15%～18% 以上，取决于坯体的密度。在烧成过程中，发生 SiC 多晶型转化和晶粒长大，其程度取决于 SiC 类型、助烧剂数量和烧成温度。加硼质助烧剂的 β－SiC 粉料趋向于二次再结晶（在 3C－6H 多晶型转化过程中促进晶粒长大）；相反，若以 α－SiC 粉为初始原料，而以铝为助烧剂时，即可获得均匀的细粒显微结构。当以 6H 型为主组成 α－SiC 粉，而以铝为助烧剂时，在烧结过程中往往出现 6H→4H 多晶型转化（在 2050℃时铝促进了这种转化）。

致密烧结 SiC 耐火材料（S－SiC 制品）是一种封闭气孔率仅约为 3% 的致密材料，强度大（抗折强度高达 470MPa）。这类 SiC 耐火材料的高密度来源于高达约 18% 或更高的收缩。因此，它们的缺点是：很难实现成批生产，特别是大型复杂部件。

6.4.1.4 Si 结合 SiC 耐火材料（Si－SiC 制品）

以 SiC 骨料颗粒（基体）而以金属 Si 为结合相（基质）的 SiC 耐火材料（Si－SiC 制品），从元素组成看，是 100% 由 Si 和 C 两种元素构成的 SiC 耐火材料，只是 Si：C＞1（摩尔比）而已。生产含有 Si 的 SiC 耐火材料有以下三种工艺：

（1）向分级 α－SiC 颗粒中配置金属 Si 粉，加入临时结合剂、混练、成型、干燥，埋碳（焦炭粒）中于高温中烧成，获得 Si－SiC 制品。根据目标性能，需要对 Si/SiC 比率进行调节。

（2）将 SiC 制品于熔融硅浴中进行浸渍或 Si 气体中进行处理，以改善其性能，获得含有 Si 的 SiC 制品。为了能获得良好的结果，采用在熔融硅浴中进行浸渍工艺生产的 Si 结合 SiC 耐火材料，其浸渍温度需要比金属硅沸腾温度高于400℃以上，否则 Si 蒸气的压力就会不够。另外，干燥的 SiC 坯体（砖坯）也可以用来进行浸渍。

（3）将 Si－SiC 制品于熔融硅浴中进行浸渍或 Si 气体中进行处理，以进一步改善其性能，获得优级 Si－SiC 制品。

应当指出的是：Si－SiC 复合耐火材料是由 Si 和 SiC 两种组分构成的复合耐火材料，它们存在复杂的氧化机理。

关于 Si－SiC 复合材料的氧化问题，曾经有人作过研究，其试验是在 1600K 于 $Ar-O_2$ 气氛（$p(O_2)=0.02\sim97$kPa）条件下进行的。图 6－13 和图 6－14 分别示出了 Si－SiC 复合材料的氧化期间 CO_2 和 CO 平均值曲线。

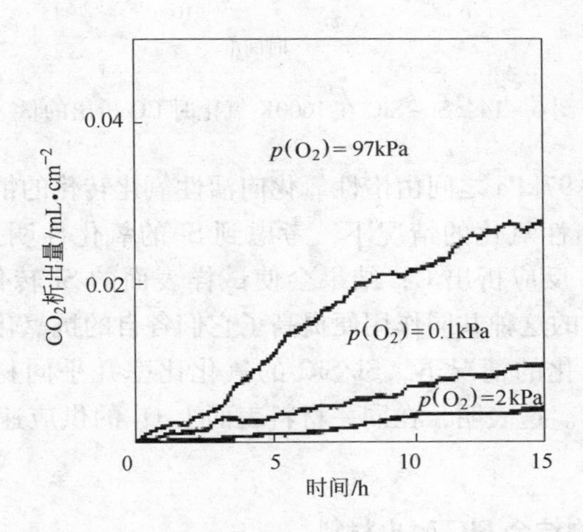

图 6－13 Si－SiC 在 1600K 氧化时 CO_2 析出的量

图 6－13 和图 6－14 表明：

（1）在 $p(O_2)=97$kPa 时，氧化动力学遵循线性抛物线规律；在 $p(O_2)=0.02$kPa 时，则遵循线性规律。在 $p(O_2)=0.1\sim2$kPa 的情况下，氧化反应基本按照直线动力学进行。

在 $p(O_2)=0.02$kPa 时氧化，观察到质量损失，表明发生了活性氧化，而且基本上无保护层生成；在 $p(O_2)=0.1\sim97$kPa 时，则发现质量增加，并发生了惰性氧化和保护层的生成；同时发现，在

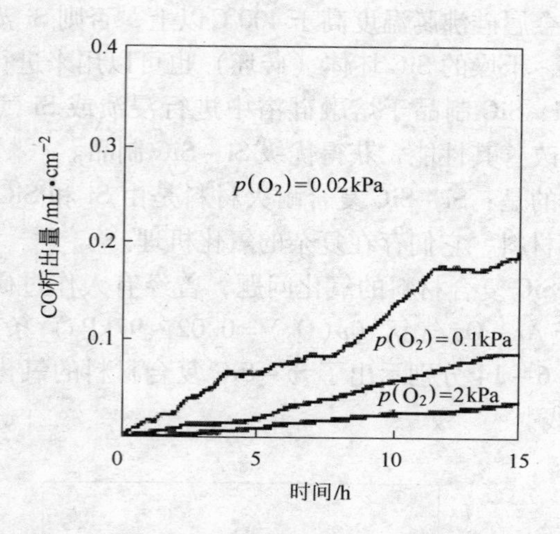

图 6-14　Si-SiC 在 1600K 氧化时 CO 析出的量

$p(O_2)=0.1\sim97kPa$ 之间由惰性氧化向活性氧化转化的情况。

（2）在惰性氧化的情况下，考虑到 Si 的氧化性明显比 SiC 慢，由于 Si 与 SiC 反应析出 C，结果会使试样表面的 Si 转化为 SiC。这样，Si 和 SiC 的这种共同作用便提高了它们各自的抗氧化性能。

在活性氧化的情况下，Si/SiC 的氧化比率几乎同材料中 Si/SiC 化学比率一样。这表明，在同一材料表面上 O_2 的供应速度高于 C 的扩散速度。

6.4.2　氧化物结合 SiC 耐火材料

现在已广泛使用的氧化物结合 SiC 耐火材料中的结合剂主要是 $SiO_2-Al_2O_3$ 系统中的组成材料。理论上认为该系统中任何 SiO_2/Al_2O_3 比率组成的材料均可以用于生产氧化物结合 SiC 耐火材料的结合剂，现在已大量生产氧化物结合 SiC 耐火材料中的结合剂主要有 SiO_2（硅酸）、黏土（黏土-莫来石）、莫来石和 Al_2O_3 等。

6.4.2.1　硅酸结合 SiC 耐火材料

硅酸（SiO_2）结合 SiC 耐火材料（常简写为 SiO_2-SiC）中，一

般含约 90% SiC，约 10% SiO_2，约 1% 金属氧化物（Al_2O_3、Fe_2O_3、Cr_2O_3、V_2O_5、MnO_2、CaO 等），经过与常规耐火材料相同的生产方法，在约 1500℃中烧成。

在烧成中，SiC 发生氧化，生成 SiO_2，而配料中添加的其他氧化物同 SiO_2 反应生成硅酸玻璃，在 SiC 颗粒表面形成保护层，并将 SiC 结合起来。

硅酸结合 SiC 耐火材料主要在 1200℃以上、氧分压高的气氛中使用。

6.4.2.2 硅酸盐结合 SiC 耐火材料

硅酸盐结合 SiC 耐火材料由分级 SiC 颗粒（95%），可塑黏土（1% ~4%），金属氧化物（Fe_2O_3、Cr_2O_3、V_2O_5、MnO_2、CaO 等，1% ~4%），经过与常规耐火材料相同的生产方法，在 1450 ~1500℃烧成。

在烧成中，SiC 约氧化 10%，生成的 SiO_2 与可塑黏土和添加的氧化物反应共同生成约 15% 的硅酸盐玻璃，覆盖于 SiC 颗粒表面形成大量的保护层，并将 SiC 结合起来。

以可塑黏土为结合剂的 SiC 耐火材料由于可塑黏土的耐火度低，难以获得性能较佳的黏土 - SiC 耐火材料，所以向配料中增加 Al_2O_3 的配入数量，制备黏土 - 莫来石结合 SiC 耐火材料，从而改善了材料的性能。

黏土 - 莫来石结合 SiC 耐火材料主要在 1200℃以下的氧分压高的气氛中使用，也能在氧分压低的保护气氛中使用，还能在城市垃圾焚烧炉等热工设备上使用。

6.4.2.3 莫来石结合 SiC 耐火材料

硅酸和黏土 - 莫来石（硅酸盐）结合 SiC 耐火材料在干燥的空气中使用时，由于 SiC 氧化缓慢生成 SiO_2 保护层，使其具有优良的抗氧化性能。但 SiO_2 保护层在熔盐或在还原气氛中使用的耐久性较差。因为 SiO_2 与熔盐反应形成 SiO_2 和液态硅酸盐混合物，从而加速了这类 SiC 耐火材料的氧化反应过程。在还原气氛中则形成气态 SiO

导致材料中的 SiC 损耗。

改善硅酸和硅酸盐结合 SiC 耐火材料在使用中的耐久性的方法之一是采用不含单一 SiO_2 或那些具有低活性的 SiO_2 保护层。由于莫来石具有良好的耐久性、化学相容性和与 SiC 有相似的线膨胀系数，所以成为最佳选择。

现在，低价位莫来石结合 SiC 耐火材料的工艺已被开发出来了：

（1）在分级的 α－SiC 骨料中，按生成莫来石组成配置 Al_2O_3 和天然硅铝矿物，加入临时结合剂后经混练、成型、干燥，采用反应烧结工艺，制成莫来石结合 SiC 耐火材料。通过对 Al_2O_3 和天然硅铝矿物用量的调节和控制，即可获得在该类复合耐火材料中连续的莫来石结合相，将不同 SiC 颗粒较为均匀地包裹结合在一起，而获得相界面结合较致密的莫来石结合 SiC 耐火材料。

（2）以 SiC 为主原料，按生成莫来石组成配入 α－Al_2O_3 微粉和 nf－SiO_2，并添加 1%～3%（质量分数）的 CA－70C/CA－80C 作为结合剂，生产低水泥（LCC）或者超低水泥（ULCC）SiC 质耐火浇注料。

莫来石结合 SiC 耐火材料在高氧分压环境中的使用温度高于以上所有 SiC 耐火材料的使用温度。

6.4.2.4 Al_2O_3 结合 SiC 耐火材料

以 Al_2O_3 为结合剂的 SiC 耐火材料（Al_2O_3－SiC）的制法是：将分级的 SiC 颗粒与金属 Al 粉混合、成型，在氧化气氛中烧成。这是一种由金属 Al 粉氧化而作为结合剂的特殊 SiC 耐火材料。这种耐火材料的基质是在 Al_2O_3 质量分数 40%～70% 和 SiC 质量分数 30%～60% 中添加质量分数为 1%～2% 的 TiO_2 而变成玻璃质的材料。

当使用 Al_2O_3－SiC 合成原料生产 Al_2O_3－SiC 耐火材料时，便能降低生产成本。最早,以黏土和炭素为原料,在电弧炉中生产 Al_2O_3－SiC 合成材料。

Al_2O_3－SiC 复相陶瓷材料的制备方法较多，但主要采用无压烧结法、热压烧结法、气压烧结法和溶胶－凝胶法制造。其中，已开发出碳热还原法原位反应合成 Al_2O_3－SiC 复相陶瓷粉料，生产成本低，材料性能优良，可以大批量生产，从而为生产 Al_2O_3 – SiC 耐火材料提供了廉价原料。

关于碳热还原法原位反应合成 Al_2O_3 – SiC 材料的工艺特点，吴剑辉曾经作过如下归纳：

（1）碳热还原法原位反应合成 Al_2O_3 – SiC 材料的工艺简单，操作方便，易于实现大规模生产。

（2）产品成分易于调整和控制，有害杂质含量低，可实现多成分目标控制。

（3）可以处理低品位矿物。如能控制好还原过程，则元素的回收率很高，可提高资源利用率。

（4）原料来源丰富。我国有丰富的铝 – 硅系耐火黏土，而且有大量的价格便宜的煤炭资源和焦炭或其他碳质材料作为还原剂。

（5）反应过程中析出大量的 CO 和 CO_2 气体，对环境造成一定污染，但可以通过对产生的尾气实施回收利用降低污染。

现在，采用碳热还原法制取 Al_2O_3 – SiC 材料的工艺主要有以下三种方法：

（1）以黏土类矿物和炭黑为原料，采用碳热还原工艺，在 1500 ~ 1600℃，制得 Al_2O_3 – β – SiC 材料。

（2）以煤矸石为原料（煤过量 15% ~ 20%），在约 1600℃制得 Al_2O_3 – β – SiC 材料。

（3）以石英和碳粉或煤为原料，在约 1600℃制取 SiC。然后，将 Al_2O_3 和由碳热还原制取的 SiC 进行复合，即可得到 Al_2O_3 – SiC 材料。

当然，以任意 SiO_2/Al_2O_3 比率的天然硅铝矿物和碳素物料作为原料，采用碳热还原工艺都能制得 Al_2O_3 – SiC 材料。

这样，就可以在分级的 SiC 颗粒料中配入一定数量的采用碳热还原工艺制得的 Al_2O_3 – SiC 质混合料，经过混练、成型、干燥、烧成，制得 Al_2O_3 – SiC 耐火材料（制品）。

6.4.3 非氧化物结合 SiC 耐火材料

由于 SiC 为共价键结合，烧结时的扩散速率相当低，即使在

2100℃的超高温条件下，Si 和 C 的自扩散系数也仅为 $2.5 \times 10^{-13}cm^2/s$ 和 $1.5 \times 10^{-10}cm^2/s$。所以，采用近于普通 SiC 耐火颗粒混合物料的压块很难通过常压烧结制取高密度的 SiC 质耐火材料。因此，只有采用特殊烧结工艺或者依靠第二相物质促进其烧结才能制得高密度的 SiC 质耐火材料。

作为非氧化物结合 SiC 耐火材料的结合剂主要有 Si_3N_4、Si_2N_2O、Sialon、Al_4SiC_4、BN、C 和 $MoSi_2$ 等，现就其中几种主要的非氧化物结合 SiC 耐火材料说明如下。

6.4.3.1 Si_3N_4 结合 SiC 耐火材料（N－SiC）

Si_3N_4 和 SiC 都是熔点或者分解温度较高（Si_3N_4 没有熔点，在约1900℃分解），而且 Si_3N_4 与 SiC 一样，在高温下与氧共存的气氛中也会氧化，生成同样的 SiO_2，其特点也类似于 SiC 的特点。这说明，Si_3N_4 结合 SiC 耐火材料（简写为 N－SiC）是一种在不损害 SiC 骨料本来所具有特点的情况下，附加 Si_3N_4 特性的优质耐火材料。由于这类耐火材料在烧结过程中通过 Si 和 C 反应生成 Si_3N_4，后者在 SiC 的间隙中形成结晶质的致密组织。因而 N－SiC 具有与 SiC 结合 SiC 耐火材料相似的高导热性、高温强度大等优点。

N－SiC 耐火材料的制造，是将分级 SiC 颗粒物料为 85%，Si（金属硅）为 15%，其他为 1% 的比例配合的混合料，经过与常规耐火材料相同的生产工艺，在氮气气氛（微正压）中，于约 1420℃的条件下烧成。

为了给予该类材料抗氧化性，需要在 1350℃以上的温度中再烧成（抗氧化处理）。在烧成过程中，Si 与 N_2 反应为大放热反应：

$$3Si + 2N_2 \longrightarrow Si_3N_4 + 736kJ/mol \qquad (6-24)$$

这表明，硅粉过细时会导致升温过快，氮化速度过大，造成烧成温度失控，产生 Si 熔化，进而发生“流硅”现象。因此，在烧成过程中，一般采用在 1150～1450℃进行分段升温的热工制度来控制氮化速度。当坯体之中 Si 有 80% 以上被氮化后，可超过 Si 熔点温度进行氮化，以使其充分氮化。因为产品中 f－Si 多了，在使用时会由于反复加热－冷却而导致开裂。

由于式（6－24）的反应生成 Si_3N_4 结合的相同时伴随约 22% 的体积膨胀，结果导致材料中的气孔网络逐渐闭合。在常规生产过程中，当超过氮化开始温度时，气孔的大小和数量逐渐减小，使得 N_2 难以进入坯体内部。当温度低于 Si 的熔点（1440℃）时，N_2 与 Si 很难完全反应生成 Si_3N_4 结合相，所以二步氮化工艺是生产 N－SiC 耐火材料的常用方法。

此外，在 1300℃以上，还要注意下述反应：

$$3SiC + 2N_2 \longrightarrow Si_3N_4 + 3C \quad (6-25)$$

造成产品“黑心”。

N－SiC 耐火材料的体积密度随 Si_3N_4 含量的变化而变化的情况如图 6－15 所示。图中表明，Si_3N_4 增加到 25%（质量分数）之后，材料的体积密度迅速增加。

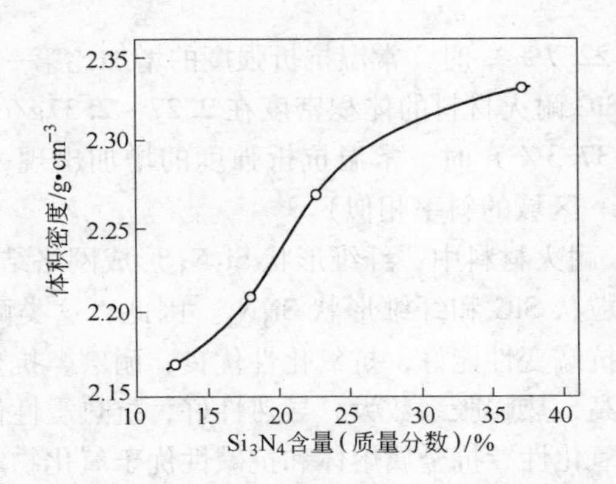

图 6－15　Si_3N_4－SiC 复合材料的体积密度与 Si_3N_4 含量的变化关系

N－SiC 耐火材料的常温抗折强度与其体积密度的关系示于图 6－16。

图 6－16 中表明，强度曲线分为三个区域：

（1）N－SiC 耐火材料的体积密度在 2.17～2.21g/cm³（Si_3N_4 含量为 12.8%～18.0%）时，常温抗折强度随体积密度的增加而迅速提高。

（2）N－SiC 耐火材料的体积密度在 2.21～2.27g/cm³（Si_3N_4 含

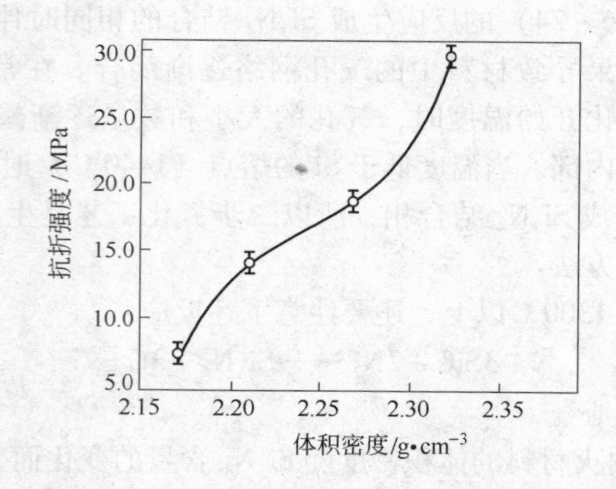

图 6－16 复合材料的常温抗折强度（MOR）与体积密度的变化关系曲线

量为 18.0%～22.7%）时，常温抗折强度的增加比第一区域慢。

（3）N－SiC 耐火材料的体积密度在 2.27～2.37g/cm^3（Si_3N_4 含量为 22.7%～37.3%）时，常温抗折强度的增加出现一个拐点和另一斜率（与第一区域的斜率相似）。

在 N－SiC 耐火材料中，纤维形状 Si_3N_4 形成网络结构。SiC 颗粒周围的基质为粒状 SiC 和纤维形状 Si_3N_4。因此，这类耐火材料具有高温强度大，抗蠕变性能好，抗氧化性优良，耐磨，抗金属熔体、抗碱与抗渣蚀性高，热膨胀系数大，导热性好，抗热震性优良等一系列优点。其中抗氧化性、抗金属熔体和抗碱性优于氧化物结合 SiC 耐火材料和 β－SiC 结合 SiC 耐火材料。

N－SiC 耐火材料主要用作熔炼有色金属（铝熔解炉、保温炉等）的内衬耐火材料。

进行过抗氧化处理的 N－SiC 耐火材料（制品），具有在一般高氧分压条件中使用的性能，故能与高温的高强度要求的使用条件相适应，如用于制作轻质薄棚板、定位器、匣钵等。

此外，也有含 Fe－Si_3N_4 的（Fe－Si_3N_4 为结合相）SiC 耐火材料（制品）。

通常，含 Fe－Si_3N_4 的 SiC 耐火材料（制品）以 SiC 和 FeSi75 为

主原料，加入临时结合剂，混合、成型、干燥，在 N_2 气氛中，通过直接氮化反应（维持一定的低氧分压）于 1450℃ 烧成，制得 $Fe - Si_3N_4 - SiC$ 复合耐火材料。由热力学分析得出：在硅铁氮化过程中存在 Si(s、l、g) 的氮化、SiO(g) 的氮化和硅铁金属间化合物的氮化。因此，材料的相组成为 SiC、$\alpha - Si_3N_4$、$\beta - Si_3N_4$ 和 Fe_3Si；产物形貌呈纤维状、柱状，硅铁难以完全氮化，过多 Fe 阻碍 Si 的完全氮化，硅铁金属间化合物均为小球粒状，均匀分散在基质中，是有益的金属塑性相。

张勇和彭达岩等人的研究结果表明：$Fe - Si_3N_4 - SiC$ 复合耐火材料在 1100 ~1300℃之间的氧化行为的规律是：

（1）在氧化初期，$Fe - Si_3N_4 - SiC$ 复合耐火材料单位表面积的质量变化（$\Delta m/A_0$）与时间（t）符合直线规律：

$$\Delta m/A_0 = k_C t \tag{6-26}$$

式中，k_C 为界面化学控速阶段的速度常数。

（2）在氧化中期，$Fe - Si_3N_4 - SiC$ 复合耐火材料单位表面积的质量变化（$\Delta m/A_0$）与时间（t）近似符合二次曲线规律：

$$\Delta m/A_0 = (B + 4k_{CD}t - B)^{1/2}/2 \tag{6-27}$$

式中，B 为与材料有关的常数；k_{CD}为混合控速阶段的速度常数。

（3）在氧化后期，$Fe - Si_3N_4 - SiC$ 复合耐火材料单位表面积的质量变化（$\Delta m/A_0$）与时间（t）符合一般的抛物线规律：

$$(\Delta m/A_0)^2 = k_D t \tag{6-28}$$

式中，k_D 为扩散控速阶段的速度常数。

吴宏鹏和任颖丽等人以 Si_3N_4 细粉、分级 SiC 颗粒材料、硅粉或者 nf $- SiO_2$ 为原料（具体配方列入表 6 - 6 中），以木质磺酸钙水溶液为暂时结合剂，经混练、成型、干燥于空气中 1450℃ 烧成制得 SiC/Si_3N_4 制品后，测定材料的常温耐压/抗折强度、显气孔率、体积密度和 1400℃时高温抗折强度。其结果列于表 6 - 6 中。

表 6 - 6 表明，在空气中烧成的三种 $Si_3N_4 - SiC$ 试样，其常温（耐压/抗折）强度和 1400℃时高温抗折强度都较高，显气孔率都比较低。烧成后试样中心区域的 N_2 含量以 $Si - Si_3N_4 - SiC$ 最高，$SiO_2 - Si_3N_4 - SiC$ 次之，$Si_3N_4 - SiC$ 最小；同时，$Si_3N_4 - SiC$ 试样中的 Si_3N_4

分解较多，$Si-Si_3N_4-SiC$ 试样的表面和内部都明显含有单质 Si，$SiO_2-Si_3N_4-SiC$ 试样生成了 Si_2N_2O，其中表面区域的 Si_2N_2O 晶体发育很好，但内部晶体发育不好。

表 6-6 Si_3N_4-SiC 试样配方 （质量分数，%）

试样编号		P_1	P_2	P_3
SiC	2.8~0.9mm	35	35	35
	0.9~0.15mm	30	30	30
	<0.115mm	5	5	5
	<0.063mm	15	10	10
Si_3N_4 <0.088mm		15	15	15
uf-SiO_2		—	—	5
Si 粉 <0.045mm		—	5	—
常温耐压强度/MPa		245	157	184
常温抗折强度/MPa		49	54	42
高温抗折强度（1400℃）/MPa		36	38	39
显气孔率/%		15.5	15	15
体积密度/$g \cdot cm^{-3}$		2.68	2.63	2.65
残氮率/%	0~4mm 区域	68.4	62.0	69.7
	8~20mm 区域	66.0	81.8	76.1

由此看来，以 Si_3N_4 细粉、分级颗粒 SiC 物料和 Si 为原料可在空气气氛中烧成而获得性能优良的烧成 Si_3N_4-SiC 制品。

6.4.3.2 Si_2N_2O 结合 SiC 耐火材料

Si_2N_2O 结合 SiC 耐火材料的生产与 N-SiC 耐火材料的生产方法相近。由图 6-9 和图 6-10 看出，Si_2N_2O 可以在一定的 N_2 和 O_2 分压的气氛中或埋碳条件下，由 Si 或 SiO_2 与 Si_3N_4 生成：

$$2Si + N_2 + 1/2O_2 \longrightarrow Si_2N_2O \qquad (6-29)$$

$$3Si + 2N_2 + SiO_2 \longrightarrow 2Si_2N_2O \qquad (6-30)$$

$$Si_3N_4 + SiO_2 \longrightarrow 2Si_2N_2O \qquad (6-31)$$

$$3Si + N_2 + CO \longrightarrow Si_2N_2O + SiC \quad (6-32)$$

$$4/3Si_3N_4 + 2CO \longrightarrow 2Si_2N_2O + 2/3N_2 + 2C \quad (6-33)$$

烧成温度为1400~1500℃。在烧成过程中，Si 与 N_2 及 O_2 或 CO 反应生成粒状 Si_2N_2O。

Si_2N_2O 是优良的高温固相，与 SiC 颗粒之间形成化学键，结构稳定，保护 SiC 颗粒，抗氧化能力很强（比黏土结合 SiC 耐火材料高得多)。因为 Si_2N_2O 结合 SiC 耐火材料在氧化过程中体积密度不断增加，结构不断致密，显气孔率不断降低，堵塞了 O_2 渗入的通道，而明显地提高了材料的抗氧化能力。

Si_2N_2O 结合 SiC 耐火材料的强度在1100℃时达到最高，此后随温升高而下降，但 Si_2N_2O 结合 SiC 耐火材料抗碱性并不如 N－SiC 耐火材料好。

6.4.3.3 Sialon 结合 SiC 耐火材料

Sialon（$Si_{6-z}Al_zO_zN_{8-z}$，$0<z<4.2$）结合 SiC 耐火材料是以分级的碳化硅颗粒和硅粉为主原料，并添加氧化铝（电熔烧结刚玉或者烧结致密氧化铝）粉和助烧结剂 Y_2O_3，成型、干燥后于 N_2 气氛中1450℃烧成的。

研究结果表明，当配料中氧化铝粉含量为5%~10%时，Sialon 结合 SiC 耐火材料的显气孔率下降，耐压强度增加，但体积密度却略有降低。通常，Si 粉的配置量为10%~20%。当 Si 粉的配置量由20%增加到33%时，材料的强度由100~200MPa 增加到250~300MPa。这是由于含氮化合物的含量增加，并填充到颗粒之间的孔隙中，使材料的结构密实和增强的结果。

Sialon 结合 SiC 耐火材料生产的另一工艺是将天然黏土如高岭土（$Al_2O_3 \cdot 2SiO_2 \cdot 2H_2O$）等和碳素材料经混练、压制、成型、干燥后，在 N_2 气氛中于1450~1650℃烧成。

（1）采用黏土和碳素生产 Sialon 结合 SiC 耐火材料时，形成氮化物（Sialon）相的要素，不仅取决于使用的母体而且也取决于反应条件。

（2）Sialon 的 Z 值随着母体的 Al/Si 比的增加而减小。

（3）较大的 N_2 气流会引起 SiO_2 的消耗（挥发），导致较低的体积密度。

（4）较大比例的氮化物（Sialon）相（使用较大量的母体）提供了较高的 MOR 值。

根据 Hirota Tetsuo 的研究结果得出，当 Sialon 的 $Z=2$ 时，Sialon 结合 SiC 耐火材料的常温强度以及高温强度都最大；抗热震性则随着 Z 值的增大而提高；但是，材料的抗碱性和抗渣性却随着 Z 值的增大而下降；Z 值越大，碱处理后的体积膨胀越大。

研究结果同时表明，Sialon 含量增加时，Sialon 结合 SiC 耐火材料的体积密度、气孔率和常温强度都得到改善；Z 值增加，材料的气孔率下降，高温性能降低。

Sialon 结合 SiC 耐火材料的抗氧化性优于 N－SiC 耐火材料，也优于 Si_2N_2O 结合 SiC 耐火材料。

6.4.3.4 Al_4SiC_4-SiC 耐火材料

Al_4SiC_4 是 Al_4C_3-SiC 二元系统中的一个化合物（图 6－17）。图 6－17 表明，Al_4SiC_4 在 1106～2037℃稳定，而在 1106℃以下却是不稳定的化合物。然而，一旦生成了 Al_4SiC_4，即使在 1106℃以下的温度中长时间加热也不会分解为 Al_4C_3 和 SiC，而是稳定的。

合成 Al_4SiC_4 的初始原料是将所规定比例的 Al＋Si＋C 混合粉料或者高岭土（$Al_2O_3\cdot 2SiO_2\cdot 2H_2O$）＋Al＋C 混合粉料在氩气或者真空气氛中于 1600～1800℃反应烧结合成。而采用脉冲通电烧结装置用 1700℃烧成所合成的粉末便可获得单一 Al_4SiC_4 或者复合 Al_4SiC_4-SiC（Al_4SiC_4 和 SiC 任意比例）的致密材料（相对密度大于 97%）。

Al_4SiC_4-SiC 耐火材料可以在分粒级颗粒 SiC 物料中配置所规定比例的 Al＋Si＋C 混合粉料或者高岭土（$Al_2O_3\cdot 2SiO_2\cdot 2H_2O$）＋Al＋C 混合粉料，经混合、成型、干燥，于氩气或者真空气氛中在 1600～1800℃烧成。

Al_4SiC_4-SiC 耐火材料同 SiC 系耐火材料相比，具有一些较好的特征。

如图 6－18 所示，Al_4SiC_4-SiC 材料（致密烧结体）在 1500℃的

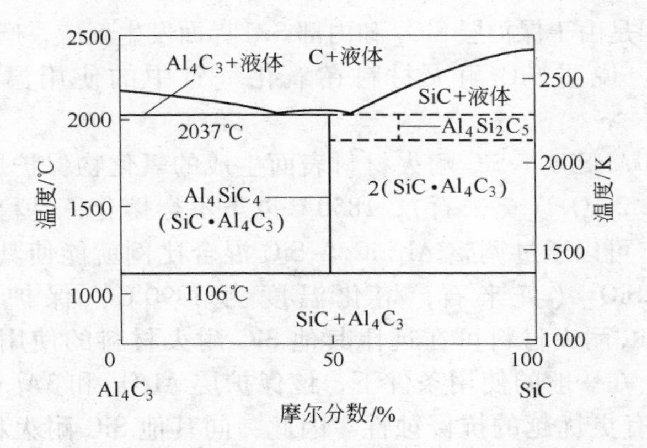

图 6－17 Al_4C_3－SiC 系状态图

大气中加热初期，试样的质量变化都具有直线增加的趋势，而 Al/Si 比小的试样在短时间内质量不变，但固定的氧化量增多。

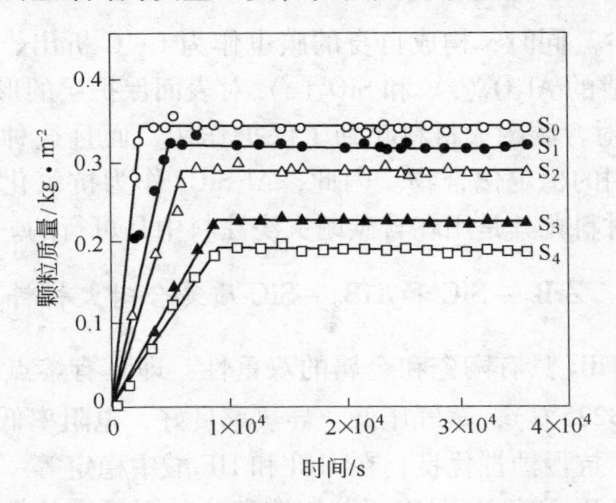

图 6－18 Al_4SiC_4－SiC 烧结体在 1500℃的大气中保持 10h 后随氧化反应颗粒质量的变化

（S_0～S_4 分别代表 Al/Si 比由大到小的 5 种试样）

SiC 耐火材料在 1600℃以下，即使是大气气氛中也不会损坏，可以使用。因为在耐火材料表面形成 SiO_2 保护层。然而，当温度达到 1600℃以上时，SiO_2 保护层不稳定，SiC 耐火材料即会发生氧化损毁。其原因是由于保护层 SiO_2 和内部 SiC 界面发生反应，产生 SiO(g) 和 CO(g)。说明 SiC 耐火材料在氧化气氛中的使用温度不能超过 1600℃。

相反，Al_4SiC_4-SiC 耐火材料表面生成的氧化物保护层是 Al_2O_3 和 $3Al_2O_3 \cdot 2SiO_2$（莫来石），1850℃以下不会熔化，是稳定的保护层。因此，可以通过调整 Al_4SiC_4-SiC 混合比例就能使其表面形成 $3Al_2O_3 \cdot 2SiO_2$（莫来石，熔化温度为 1890℃）保护层。说明 Al_4SiC_4-SiC 耐火材料可在远比其他 SiC 耐火材料的使用温度下使用。而且，在一般的使用条件下，该保护层 Al_2O_3 和 $3Al_2O_3 \cdot 2SiO_2$ 比 SiO_2 具有更优越的抗侵蚀性。因此，同其他 SiC 耐火材料相比，Al_4SiC_4-SiC 耐火材料可在更加苛刻的条件下使用。

应当指出，Al_4SiC_4 用于含碳耐火材料时，会发生下述反应：

$$Al_4SiC_4(g) + 8CO(g) = 2Al_2O_3(s) + SiO_2(s) + 12C(s) \tag{6-34}$$

抑制碳的减少。同时，构成自身的碳也作为 f-C 析出。而由反应式 (6-34) 生成的 $Al_2O_3(s)$ 和 $SiO_2(s)$ 对表面保护层的形成有效。可见，Al_4SiC_4 对含碳耐火材料起到了保护作用，而且这种化合物是不发生水合作用的稳定化合物。因此，Al_4SiC_4 作为抗氧化剂用于含碳不定形耐火材料尤其是用在含碳耐火浇注料中是可行的。

6.4.3.5 ZrB_2-SiC 和 TiB_2-SiC 质复合耐火材料

ZrB_2 和 TiB_2 具有陶瓷和金属的双重性：即具有熔点很高（依次为 3245℃和 3225℃），蒸气压低，导热率良好，电阻率低，导电性优良，硬度大，抗侵蚀性优良，在 HCl 和 HF 酸中稳定等一系列优良性能。特别是 ZrB_2 和 TiB_2 具有不与铝液和冰晶石反应的性质，因而是用于铝电解槽阴极的性能良好的材料。

ZrB_2 和 TiB_2 的不足之处是在碱金属氢氧化物中容易分解，而且还存在在氧化气氛中容易产生氧化反应的问题。但在氧化气氛中的 1100℃以下，由于 ZrB_2 和 TiB_2 氧化时能生成一层含 B_2O_3 的玻璃态物质（保护层），可阻碍其进一步氧化，所以它们具有较好的抗氧化性能。不过，当温度超过 1100℃（氧化气氛）以后，由于 B_2O_3 蒸发而失去了抗氧化能力，说明在氧化气氛中的1100℃以上，ZrB_2 和 TiB_2 的抗氧化能力很差。

当向 ZrB_2 材料和 TiB_2 材料中分别配置 SiC 以后便可获得相应的 ZrB_2 - SiC 质复合耐火材料和 TiB_2 - SiC 质复合耐火材料。

由图 6-19（ZrB_2 - SiC 二元系相图）看出：ZrB_2 - SiC 二元系是最简单（典型）的二元系统，其最低共熔点温度约为2270℃（最低共熔点位于23% ZrB_2，77% SiC 处），表明添加 SiC 有利于 ZrB_2 材料的烧结。同时，加入 SiC 的另一个作用是能够提高硼化物材料的抗氧化性能，有利于扩大其使用范围。

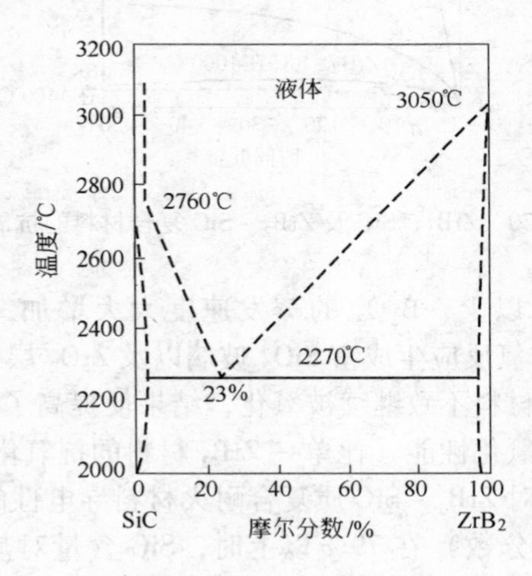

图 6-19 ZrB_2 - SiC 系相图

A ZrB_2 - SiC 质复合耐火材料

奥宫和酒井等研究过在 ZrB_2 材料中加入10%～20% SiC 对材料抗氧化性能的影响（图 6-20），其结果表明：通过添加 SiC 可明显地提高 ZrB_2 材料的抗氧化性能。

SiC 提高 ZrB_2 材料抗氧化性能的机理是，在1100℃以下，由于 ZrB_2 氧化：

$$ZrB_2 + 5/2O_2 \longrightarrow ZrO_2 + B_2O_3 \quad (6-35)$$

生成液相（B_2O_3 玻璃态）和 ZrO_2 封闭气孔，可阻止材料进一步氧

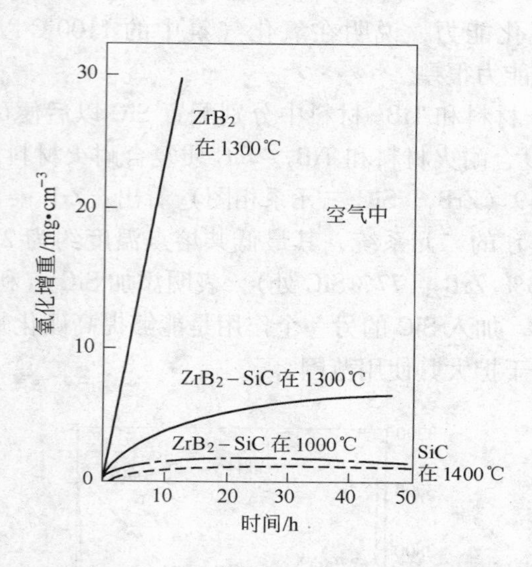

图6－20 ZrB_2、SiC 及 ZrB_2－SiC 复合材料的抗氧化性

化。超过1100℃以上，B_2O_3 的蒸发速度大大增加，但由于加入了SiC，所以SiC与氧反应生成富 SiO_2 玻璃以及 ZrO_2 层，阻碍氧向材料内部扩散，保护材料不致继续被氧化，结果便提高了 ZrB_2－SiC 质复合耐火材料的抗氧化性能（比单一 ZrB_2 材料的抗氧化性能高）。

另外，通过对 ZrB_2－SiC 质复合耐火材料导电性的研究得出，当 ZrB_2 含量（质量分数）在79%以上时，SiC含量对热压材料导电性的影响不大。

B　TiB_2－SiC 质复合耐火材料

TiB_2－SiC 系统属于准二元共晶系统，其最低共熔点温度为2200℃。因此，在整个系统的混合物料均可以构成高技术 TiB_2－SiC 复合材料。致密 TiB_2－SiC 复合材料的某些性能如表6－7所示。

众所周知，TiB_2 和 SiC 材料的弹性模量是相近的（400～500GPa），但表6－7却表明，当气孔率相近时，而SiC的弹性模量比 TiB_2 的弹性模量低许多，其原因被认为是由于SiC中类似于金刚石结合键的扩散流动性比 TiB_2 低以及刚性比 TiB_2 大，所以SiC颗粒界面的结合力比较小。由于在 TiB_2 体积占25%的 TiB_2－SiC 复合材料中

存在着许多 TiB_2-SiC 界面，所以 TiB_2-SiC 复合材料的弹性模量仍然没有达到 SiC 的弹性模量（400GPa）。不过，在等体积的 TiB_2-SiC 复合材料中形成了最大数量的 TiB_2-SiC 接触点，从而使 TiB_2-SiC 复合材料的弹性模量达到了最高值（400GPa）。

表 6-7 TiB_2-SiC 复合材料的某些性能

SiC 含量(体积分数)/%	总气孔率（±1）/%	显微硬度/GPa	弹性模量(±10)/GPa
100	6	27	325
75	4	28	360
50	2	27.5	400
25	2	29.5	420
0	4	30.5	400

上述情况说明，向 SiC 材料中配置 TiB_2 时即可能提高材料的强度。由研究结果得出：当 TiB_2 材料的配置量为 16% 时，材料的强度提高 30%（耐压强度达到 478MPa），断裂韧性则提高 90%（断裂韧性达到 $8.9MPa \cdot m^{-1/2}$），说明 TiB_2 对 SiC 质耐火材料的增强作用是很明显的。

TiB_2-SiC 复合材料的抗氧化性如图 6-21 所示。

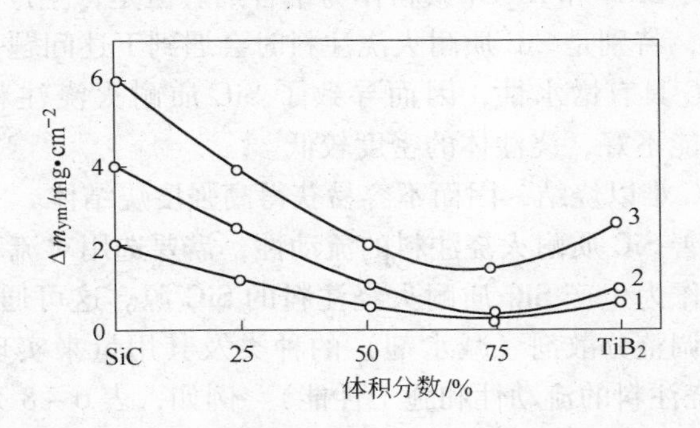

图 6-21 加热 1h 期间试验试样的单位增重量 Δm_{ym} 与其配料组成的关系

1—$T=1000$℃；2—$T=1150$℃；3—$T=1200$℃

我们知道，在氧化气氛中，纯 SiC 的表面形成 SiO_2，其性能取决于温度以及在1728℃时熔融的氧化物形态。在较低的温度（1200～1400℃）下，在纯SiC的表面上可能形成硬的多孔的结晶覆盖层（α－方石英），它们的氧化保护性能远不及玻璃状覆盖层的作用大。

当纯TiB_2发生氧化反应时，形成氧化物的等体积摩尔混合物；当温度达到或者超过600℃时，B_2O_3发生熔融，在1000～1100℃时出现玻璃状薄膜，它们可以保护TiB_2在1200℃以内不再发生氧化。

当TiB_2－SiC复合材料发生氧化时，便形成了SiO_2－B_2O_3－TiO_2系硅酸硼玻璃，它们可以有效地保护该复合材料不再发生氧化。

图6－21表明，当TiB_2体积分数为50%～75%时，TiB_2－SiC复合材料便获得了最佳的抗氧化性能。

由以上讨论可知，对于在高温条件下使用的不同用途结构材料（特别是耐磨材料和耐热性陶瓷材料）来说，TiB_2－SiC复合材料是最有前途的材料之一。

6.5 SiC质耐火浇注料

SiC质耐火浇注料是SiC耐火制品（砖、板、棒、管和匣钵等）的发展。通常，SiC质耐火浇注料都采用低水泥和超低水泥的配方设计方案，以SiC为主原料，而以铝水泥（CA－70C或CA－80C等）以及并用nf－SiO_2和Al_2O_3微粉作为结合剂。但是，生产SiC质不定形耐火材料，特别是SiC质耐火浇注料时会遇到下述问题：

（1）SiC具有憎水性，因而导致了SiC质耐火浇注料的流动性差，施工性能不好，浇注体的密度较低。

（2）SiC难以烧结，因而不容易获得高强度烧结体。

为了改善SiC质耐火浇注料的流动性，需要选用对流动性影响小的SiC原料作为生产SiC质耐火浇注料的SiC源。这可通过改变SiC颗粒形状和调整分散剂（减水剂）的种类及其用量来实现（即改善SiC质耐火浇注料的流动性和施工性能）。例如，表6－8列出了三种（a、b、c）SiC质耐火浇注料的组成，表6－9则列出了它们的性能。

表6－9表明：通过改变SiC颗粒形状和调整分散剂（减水剂）的种类及其用量便能获得较理想的SiC质耐火浇注坯体，但试样c与试样b相比，前者的加水量小，自内流动值较大，并且坯体更加致

密，强度也更高。

表 6-8 SiC 质耐火浇注料的组成 （质量分数，%）

试 样	a	b	c	试 样	a	b	c
SiC_A①	81			Al_2O_3 微粉	9	9	9
		81		nf - SiO_2	6	6	6
			81	分散剂	0.1	0.1	0.1
铝水泥	4	4	4				

① A = a，b，c。

表 6-9 SiC 质耐火浇注料的性能

试 样		a	b	c	试 样		a	b	c
加水量/%		7.0	6.5	5.6	体积密度 /g·cm^{-3}	110℃,24h	—	2.60	2.64
自流值		100	103	116		1200℃,3h	—	2.57	2.63
振动流动值		186	211	223	抗折强度 /MPa	110℃,24h	—	7.6	9.8
耐压强度 /MPa	110℃,24h	—	35	49		1200℃,3h	—	25.3	30.8
	1200℃,3h	—	88	102	显气孔率 /%	110℃,24h	—	16.1	14.5
						1200℃,3h	—	17.3	15.3

由于 SiC_a 颗粒是针状的，在振动成型期间发生偏析现象，由此即可以得出：试样 a 需要加入较多的水才具有较好的流动性。而 SiC_c 为球状颗粒，能使 SiC 质耐火浇注料坯体更加致密，因而试样 c 不需要加入太多的水。

由此可见，对于生产 SiC 质耐火浇注料来说，球状 SiC 颗粒比针状 SiC 颗粒具有更好的使用性能。

研究结果表明，通过采用 uf - SiC 替代一部分棱角状 SiC 原料或者加入更加有效的分散剂（减水剂），如 SM 和聚丙烯酸钠等也可以改善 SiC 质耐火浇注料的流动性和施工性能。

向 SiC 质耐火浇注料中配入 Si 粉的目的是为了提高材料的抗氧化性。曾经将经过颗粒优化的 SiC 粒状料，以 75% Al_2O_3 的纯铝酸钙水泥为结合剂，uf - SiO_2（95% SiO_2）为辅助结合剂，使耐火浇注料形成水合凝聚结合系统，研究了添加不同数量 Si 粉对 SiC 质耐火浇注材料抗氧化性的影响，其结果列入图 6－22 中。图 6－22 表明，当 Si 粉添加量≥2% 时，SiC 质耐火浇注材料具有最佳的抗氧化性能。

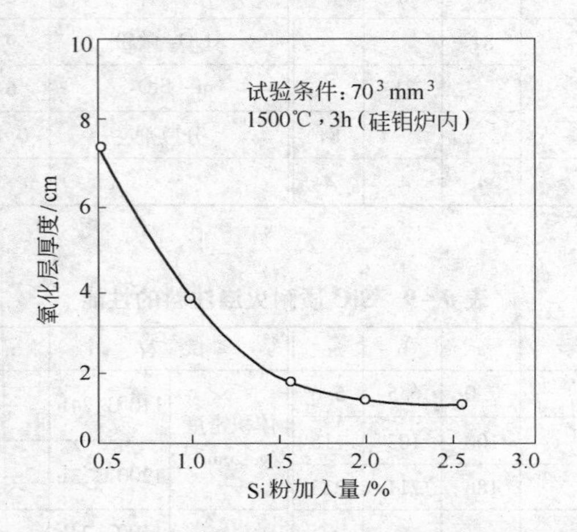

图 6－22 Si 粉对 SiC 质耐火浇注材料抗氧化性的影响

SiC 质耐火浇注料结合系统中并用 uf－SiO_2，主要是为了改善材料的物理性能。当 uf－SiO_2 的添加量达到某一数值时，耐火浇注料便具有较高的强度，特别是中温处理后强度增大近 1 倍，而且材料的混合用水量减少 0.9% 以上。

当采用磷酸盐作为减水剂时，SiC 质耐火浇注材料即具有较好的物理指标，如表 6－10 所示。

表 6－10 SiC 质低水泥耐火浇注料的性能

指标		目标值	实际值
SiC 含量（质量分数）/%		≥85	85.4
体积密度/g·cm^{-3}	110℃，24h	≥2.4	2.52
抗折强度/MPa	110℃，24h		9.4
	1000℃，3h		23.9
	1450℃，3h		54.7
耐压强度/MPa	110℃，24h	≥35	45.6
	1000℃，3h	≥35	107.3
	1450℃，3h		130.6

续表 6－10

指 标		目 标 值	实 际 值
线变化率/%	110℃，24h 1000℃，3h 1450℃，3h	≥－0.11 ≤0.3	－0.08 +0.21 +0.31
最高使用温度/℃		1450	

uf－SiO_2 和 uf－Al_2O_3 配入量对 SiC 质耐火浇注料性能的影响如图 6－23 和图 6－24 所示。这两幅图表明，当它们的配入总量为 9%～12% 时，材料的常温（110℃，24h）耐压强度最高，并且具有微膨胀性（PLC=+0.16%）。这说明，向 SiC 质耐火浇注料中引入适量的超细粉能有效地填充一般细粉所不能填充的微小孔隙（超细粉具有微填充效应），从而提高该类材料的致密度，增加结构强度。适当调整 uf－SiO_2 和 uf－Al_2O_3 的相对含量，就可使 SiC 质耐火浇注料的 PLC 由负逐渐变为正值（图 6－24）。

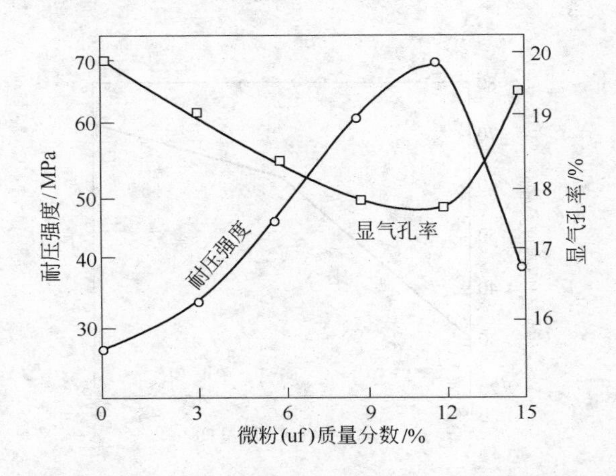

图 6－23 微粉加入量对 SiC/LCC 耐压强度和显气孔率的影响（110℃，24h）

图 6－25 为 ρ－Al_2O_3 用量与莫来石（$3Al_2O_3 \cdot 2SiO_2$）结合 SiC 质耐火浇注料强度的关系。由图 6－25 看出，随着 ρ－Al_2O_3 用量的增加，材料耐压强度不断提高。

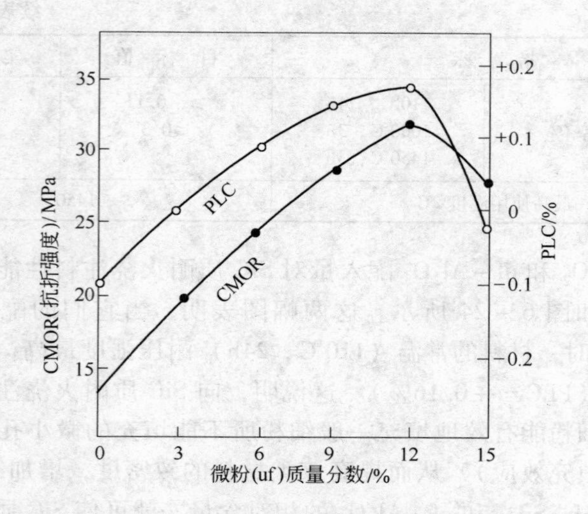

图 6-24 微粉加入量对 SiC/LCC 的 CMOR 和 PLC 的影响

（1550℃，3h 烧成）

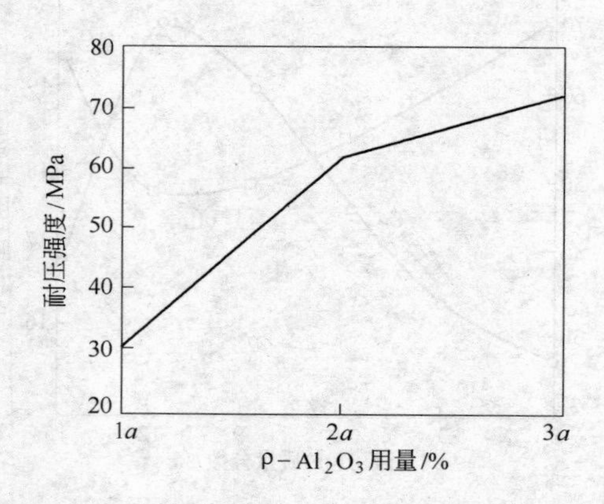

图 6-25 $\rho-Al_2O_3$ 用量与 A_3S_2 结合 SiC 质耐火浇注料强度的关系

通常，SiC 质耐火浇注料都具有较好的抗热震性、抗腐蚀性和耐磨性能，但不足之处是在高温下容易氧化，导致其损毁加快。

为了克服 SiC 耐火浇注料的这些弱点，需要向配料中添加 Si 粉以提高材料的抗氧化性，如图 6-20 所示。该图表明，随着 Si 粉含量的增加，试样氧化层厚度逐渐变薄，SiC 耐火浇注料抗氧化性能提高，这表明 Si 与 O_2 的亲和力比 SiC 与 O_2 的亲和力大，前者优先氧化，沉积的 C 填充气孔，并在 SiC 表面生成 SiO_2 保护层，从而提高材料的抗氧性能。

应当指出，SiC 耐火浇注料中基质的组成对其高温性能有很大影响，因而需要根据使用条件并以 $Al_2O_3-SiO_2-CaO$ 三元相图（图 6-26）为依据进行仔细平衡。

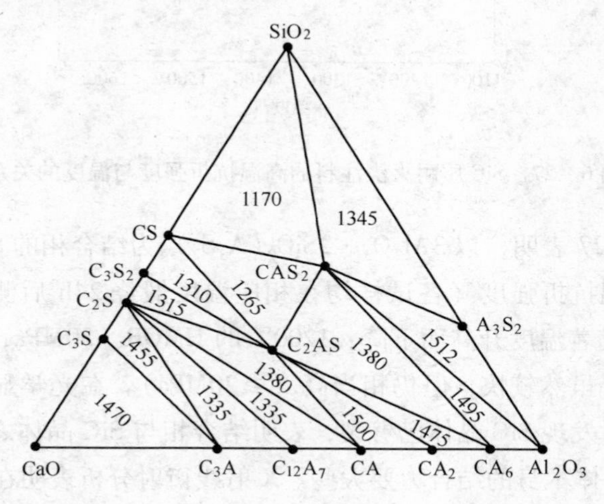

图 6-26 $Al_2O_3-SiO_2-CaO$ 三元相图

图 6-27 示出了 SiC 耐火浇注料的高温抗折强度与温度的关系。

该 SiC 耐火浇注料的骨料为 SiC（颗粒组成按安氏分布，且 $D_{max}=2mm$，$q=0.26$），基质组成（质量分数,%），其配方设计如下：

电熔 Al_2O_3（74μm）	16.5
烧结 Al_2O_3	9.0
uf - SiO_2	8.0
水合 Al_2O_3	0.5
水泥（72% Al_2O_3）	0.5
水（13%）	4.0
Darvam 8111	0.05

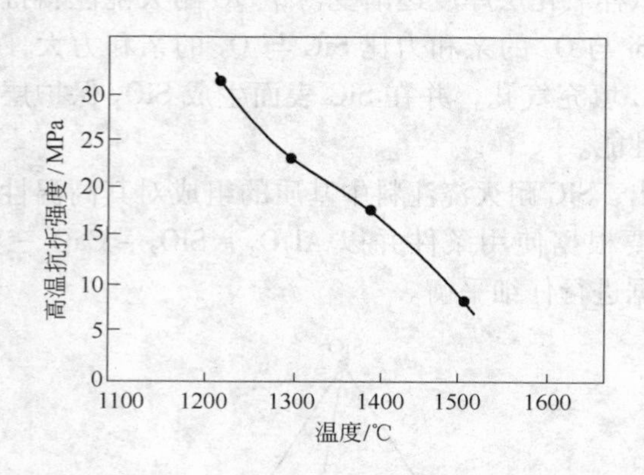

图 6-27 SiC 质耐火浇注料的高温抗折强度与温度的关系

图 6-27 表明，以 $3Al_2O_3 \cdot 2SiO_2$（A_3S_2）为结合相的 SiC 耐火浇注料的高温抗折强度（各试样均在相应温度煅烧 24h 后测定高温抗折强度）随着温度升高而下降：1200℃的 HMOR >30MPa，1300℃的 HMOR 下降虽然较快，但仍相当高（≥20MPa）。在光学显微镜下观察其断面时发现 SiC 晶体已劈裂，表明结合相与 SiC 晶体之间的结合力比 SiC 晶体本身的结合力要大些。X 射线衍射分析表明在 1300℃时 A_3S_2 已经生成。一般认为，在这一温度下形成的 A_3S_2 通常是由 $SiO_2-Al_2O_3$ 亚稳定系液相中形成的，温度从 1200℃提高到 1300℃时的高温抗折强度明显下降就是证明。在 1400℃时 SiC 质耐火浇注料的高温抗折强度继续下降，但 X 射线衍射分析结果表明 A_3S_2 的生成量却明显增加了，这说明 A_3S_2 形成一点也没有改进这类材料的高温抗折强度。显微结构分析表明，在 1400℃下虽然 SiC 表面已断裂，但 SiC 晶体并未断裂。仔细观察则发现，没有结合相连接在 SiC 上。所有这些结果都说明在 SiC 晶体与氧化物结合相之间发生了某种不结合效应。一种可能的解释是在液相形成期间 SiC 表面上大部分氧化物被消耗掉了，这是由于在碳化物表面和氧化物结合相之间的结合强度比 A_3S_2 自身之间的结合强度低。

6.6 含 SiC 复合耐火材料

SiC（不同粒度）同耐火氧化物、耐火非氧化物（不同粒度）或者它们的复合材料搭配生产含有 SiC 的复合耐火材料（简称含 SiC 复合耐火材料）。与氧化物和非氧化物结合 SiC 耐火材料不同，在这类复合耐火材料中，SiC 含量相对较少（低于基础材料的配置量），而且 SiC 是以颗粒形式配置于氧化物、非氧化物或者复合耐火材料中；也有采用氧化物、非氧化物或者它们的细粉和 SiC 细粉（包括 SiC 超细粉以及 SiC 纤维）共同组成氧化物、非氧化物或者复合耐火材料的结合基质，以改善相应耐火材料的性能。

显然，含 SiC 复合耐火材料的种类非常多，其应用也很广泛。因此，难以一一说明，现仅就几类重要的含 SiC 复合耐火材料介绍如下。

6.6.1 含 SiC 的硅铝质耐火材料

当 SiC 同硅铝质材料搭配生产含 SiC 的硅铝耐火材料时，其中，硅铝质材料涉及 Al_2O_3/SiO_2 比值的整个范围（即 $Al_2O_3/SiO_2 = 0 \sim \infty$），而（$Al_2O_3 - SiO_2$）/SiC 比值也可以在很大范围内变化。根据材料的目标性能要求，SiC 可以以颗粒或者细粉（包括超细粉）的形式配入硅铝质材料中，制造定形或者不定形的含 SiC 的硅铝质耐火材料。

为了讨论方便，下面仅以含 SiC 的硅铝质耐火浇注料为例进行说明。

6.6.1.1 （$Al_2O_3 - SiO_2$）-SiC 耐火浇注料

表 6-11 列出了以高铝矾土熟料和 SiC 为主原料而以铝水泥（CA-70C 或 CA-80C 等）以及并用 nf-SiO_2 和 Al_2O_3 微粉作为结合系统的耐火浇注料中几组配方和材料性能，可以作为我们设计不同（$Al_2O_3 - SiO_2$）/SiC 比值的（$Al_2O_3 - SiO_2$）-SiC 质耐火浇注料的参考。

表 6-11 $(Al_2O_3-SiO_2)-SiC$ 质耐火浇注料的组方和材料性能

化学组成（质量分数）/%	Al_2O_3	61	44	25	7
	SiC	—	44	63	81
体积密度 /g·cm^{-3}	110℃，24h	2.51	2.52	2.61	2.49
	1400℃，3h	2.50	2.48	2.56	2.46
抗折强度 /MPa	110℃，24h	12.7	12.7	11.8	10.3
	800℃，3h	11.3	13.2	12.3	11.3
	1200℃，3h	13.7	15.7	14.7	13.2
	1400℃，3h	16.7	17.7	16.7	15.2

由表 6-11 看出，SiC 含量对（$Al_2O_3-SiO_2$）-SiC 质耐火浇注料的体积密度、常温抗折强度影响不是很大，但对材料的其他性能可能会有较大影响。当 SiC 含量（质量分数）为 12%～28% 时，随着 SiC 含量的增加，材料的热应力下降。这说明，为了提高（Al_2O_3-SiO_2）-SiC 质耐火浇注料的抗热震性能，就需要增加 SiC 的配入量。也就是说，高 SiC 含量的（$Al_2O_3-SiO_2$）-SiC 质耐火浇注料具有高的抗热震性能。

为了优化低水泥（$Al_2O_3-SiO_2$）-SiC 质耐火浇注料的高温性能，减少高温液相生成量，应向配料中配入一定数量的 uf-SiO_2 和 Al_2O_3 超细粉或者 ρ-Al_2O_3，并调整它们的相对含量是必要的（详见 6.4.3 节）。

由于低水泥（$Al_2O_3-SiO_2$）-SiC 质耐火浇注料的结合系统中含有 CaO，它会在高温环境中导致钙长石（$CaO\cdot Al_2O_3\cdot 2SiO_2$）的生成，甚至钙黄长石（$2CaO\cdot Al_2O_3\cdot SiO_2$）的生成（图 6-27），而降低材料的高温性能。

为了解决低水泥（$Al_2O_3-SiO_2$）-SiC 质耐火浇注料的上述问题，一种通常的解决办法是降低铝酸钙水泥的配入量，设计低水泥→超低水泥→无水泥（$Al_2O_3-SiO_2$）-SiC 质耐火浇注料。其中，以原位 A_3S_2 为结合基质的（$Al_2O_3-SiO_2$）-SiC 质耐火浇注料（NCC）是一个较佳的解决方案。如图 6-28 所示，1350℃，0.5h 的 HMOR 值，随基质中原位 A_3S_2 比例的增加而降低（图 6-28a），而残余强度保持率（1000℃，风冷，3 次）则以基质中预合成 A_3S_2：原位 A_3S_2 = 15：20 = 3：4（质量比）为最高，表明材料具有最高的抗热震性能（图 6 - 28b）。

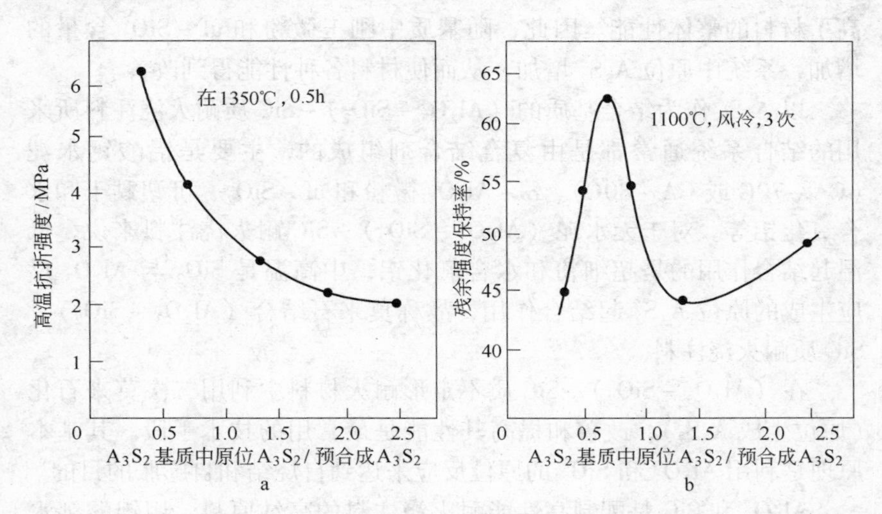

图 6 - 28 （Al_2O_3 - SiO_2）- SiC 质浇注料高温抗折强度和残余强度保持率与 A_3S_2 基质中原位 A_3S_2/预合成 A_3S_2 比值的关系

a—浇注料高温抗折强度；b—残余强度保持率

试验材料的组成为：骨料为 55% 电熔刚玉 + 10%（2 ~ 1mm）SiC，基质主要为预合成 A_3S_2（A/S = 2.33，质量比）和原位 A_3S_2 材料，uf - SiO_2 + Al_2O_3 微粉为结合剂。

众所周知，（Al_2O_3 - SiO_2）- SiC 耐火浇注料的结构强度主要取决于基质的结合强度。因为该材料的骨料颗粒之间很难烧结，只有依靠基质形成的结合相才能将颗粒结合在一起。因而图 6 - 28 表明高温抗折强度随基质中原位 A_3S_2 比例的增加而降低就不难理解了。这就说明，原位 A_3S_2 对（Al_2O_3 - SiO_2）- SiC 质耐火浇注料强度的贡献远大于预合成 A_3S_2。因为前者比后者更容易在基质中形成网络结构，故更有助于提高材料的结构强度尤其是高温强度。

原位 A_3S_2 是在烧结过程中玻璃相内的 SiO_2 与 α - Al_2O_3 反应生成的。其一是存在于刚玉颗粒周围，它是由于颗粒与基质的结合部位形成围绕颗粒分布的原位 A_3S_2 反应带，将刚玉颗粒与基质结合为一体；其二是存在于基质之中的刚玉微粉与玻璃相中 SiO_2 反应生成原位 A_3S_2，在基质中形成网络结构，从而改善了基质的高温性能，提高了材料的整体性能。因此，随基质中刚玉微粉和 uf - SiO_2 含量的增加，系统中原位 A_3S_2 增加，从而使材料各种性能得到改善。

以 A_3S_2 作为结合基质的（Al_2O_3 - SiO_2）- SiC 质耐火浇注料所采用的结合系统通常都是由复合结合剂组成的，主要是铝酸钙水泥（CA - 70C 或 CA - 80C）、α - Al_2O_3 微粉和 uf - SiO_2、可塑黏土和水合氧化铝等。对于无水泥（Al_2O_3 - SiO_2）- SiC 耐火浇注料来说，低温起结合作用的是超细粉和水合氧化铝，中高温是 SiO_2 与 Al_2O_3 反应生成的原位 A_3S_2 起结合作用，故称莫来石结合（Al_2O_3 - SiO_2）- SiC 质耐火浇注料。

在（Al_2O_3 - SiO_2）- SiC 质不定形耐火材料中利用二次莫来石化（原位生成 A_3S_2），改善和提高其性能是最常用的技术手段。其基本原理是利用 Al_2O_3 和 SiO_2 的原位反应来达到自烧结和自膨胀的目的。

Al_2O_3 和 SiC 是配制高性能耐火浇注料的高纯原料，用铝酸钙水泥作结合剂时，带进了杂质，这会降低材料的使用性能。目前，普遍采用复合结合剂配制 Al_2O_3(SiO_2) - SiC 耐火浇注料（以 A_3S_2 为结合相）。有代表性的 Al_2O_3(SiO_2) - SiC 耐火浇注料的性能见表 6 - 12。1 号和 2 号用纯度为 98% Al_2O_3（刚玉）作骨料，55% Al_2O_3（8 ~ 1mm）和纯度为 98% SiC 作细骨料，用量 10%（2 ~ 1mm）；耐火粉料为合成莫来石粉、α - Al_2O_3 微粉和 uf - SiO_2，其用量 1 号依次为 15%、14% 和 6%，2 号依次为 10%、17.5% 和 7.5%。3 号用纯度大于 97% 的 SiC 作骨料，用量为 65%，采用纯度为 99% SiC 作粉料，其用量为 10%，以纯度为大于 91% Al_2O_3 的 ρ - Al_2O_3、α - Al_2O_3 微粉和 uf - SiO_2 为结合剂和粉料，其用量为 25%，耐火骨料与耐火粉料之比为 65 : 35（质量比）。

由表 6 - 12 看出，莫来石结合 Al_2O_3(SiO_2) - SiC 质耐火浇注料烘干强度较低（图 6 - 28），中高强度很高，高温抗折强度也比较高，残余强度保持率为 44.9% 和 62.5%。说明这类材料性能优良。在中高温时，原位 A_3S_2 将难以烧结的 Al_2O_3 和 SiC 骨料紧密地结合在一起，形成良好的互锁结构，所以材料的强度和抗热震性能高，体积稳定性好。同时，原位 A_3S_2 结合的 SiC 质耐火浇注料的强度也很高、抗热震性能也非常好，1100℃，风冷，5 次的残余强度保持率为 83.8%。

表 6－12 莫来石结合刚玉和碳化硅质耐火浇注料的性能

试样号		1	2	3
化学组成/%	Al_2O_3	≥83	≥82	≥20
	SiC	9.8	9.8	73.2
耐压强度/MPa	110℃，16h	10	16	64
	1100℃，3h	105	149	93（1200℃）
	1500℃，3h	158	161	91
抗折强度/MPa	110℃，16h	4.6	7.0	8.5
	1100℃，3h	20.3	26.2	27（1200℃）
	1500℃，3h	19.2	19.2	25.9
烧后线变化率/%	1100℃，3h	−0.13	−0.14	−0.24（1200）
	1500℃，3h	+0.02	+0.04	−0.32
高温抗折强度/MPa	1350℃，0.5h	4.5	6.3	
残余强度保持率/%	1100℃，风冷，3 次	62.5	44.9	83.8（风冷，5 次）
体积密度/$g \cdot cm^{-3}$		2.88	2.97	2.58

图 6－29 示出了 uf－SiO_2 用量与莫来石结合 $Al_2O_3(SiO_2)$－SiC 质耐火浇注料强度的关系。它表明，随着 uf－SiO_2 用量的增加，材料的强度不断提高。不过，材料的烘干强度却是比较低的（图 6－29 曲线 1）。为了保证顺利拆模，uf－SiO_2 用量（质量分数）不应小于 6%，而且中高温烧成后的强度也是比较理想的。

$Al_2O_3(SiO_2)$－SiC 质耐火浇注料的应用范围非常广泛，例如，表 6－10 中列出的 $Al_2O_3(SiO_2)$－SiC 耐火浇注料在铜冶炼炉子上得到大量应用，同时还可以在垃圾焚烧炉等操作条件苛刻的高温热工设备上使用。

对于水泥窑中的预热器等耐磨内衬使用的耐火浇注料来说，考虑到碱金属导致的熔损和水泥原料的磨损所导致内衬损耗严重的情况，

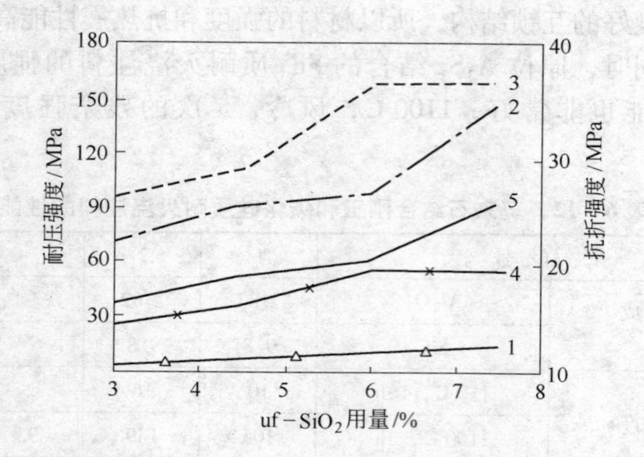

图6-29 uf-SiO_2 用量与刚玉 SiC 质浇注料强度的关系

1，2，3—分别为110℃、1100℃和1500℃烧后耐压强度；

4，5—分别为1100℃和1500℃烧后抗折强度

通常设计高性能 Al_2O_3(SiO_2)-SiC 质耐火浇注料作为预热器内衬材料便可提高其使用寿命。

通过坩埚法的研究结果（侵蚀剂为50%硅酸盐水泥，25% K_2CO_3，12.5% Na_2CO_3 和12.5% K_2SO_4）得出：SiC 含量大于60%的 Al_2O_3(SiO_2)-SiC 质耐火浇注料（表6-9），其蚀损率明显下降，如图6-30所示。图6-31则表明，当 SiC 含量不小于45%时，Al_2O_3(SiO_2)-SiC 耐火浇注料的磨损指数较小（喷砂法试验结果）。

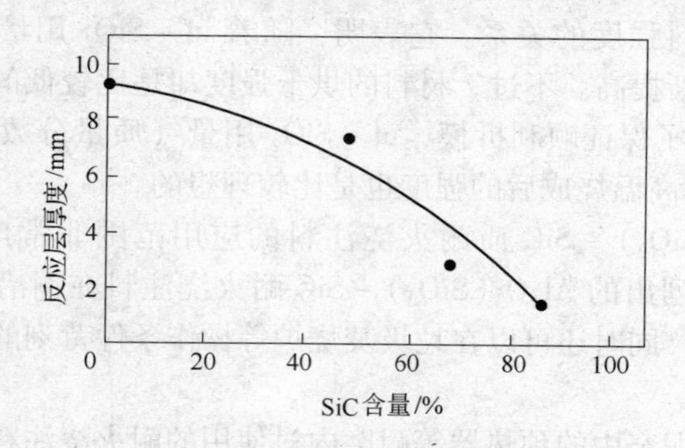

图6-30 SiC 添加量与蚀损率的关系

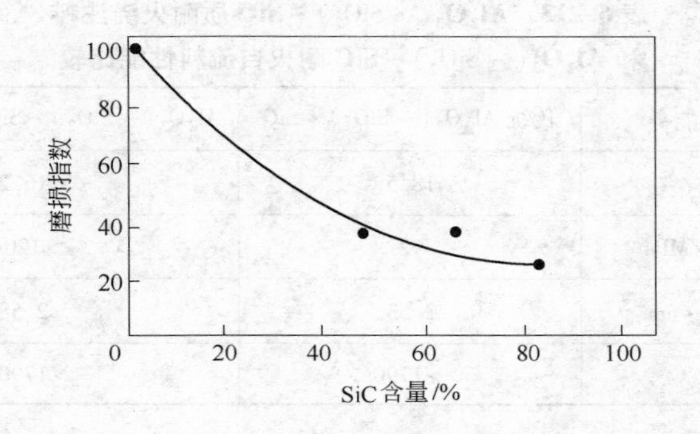

图 6-31 SiC 添加量与磨损指数的关系

6.6.1.2 Al_2O_3(-SiO_2)-SiC 质耐火喷射料和自流/泵送料

Al_2O_3(-SiO_2)-SiC 质耐火喷射料和自流/泵送料同 Al_2O_3(-SiO_2)-SiC 质耐火捣打料和 Al_2O_3(-SiO_2)-SiC 质耐火浇注料相比，以其混合后的流动性为特征，无需外加负荷即可流动和脱气。但是，当采用的结合系统中含水泥成分时，仍然存在养护和烘烤时间长，施工体高温性能较低的问题。为了解决这些问题，即可按超低水泥和无水泥耐火浇注料的配方进行设计。这样，便可克服 Al_2O_3(-SiO_2)-SiC 质耐火浇注料现场施工时所存在的技术问题，同时也能使材料的各项性能得到充分优化和提高。

Al_2O_3(-SiO_2)-SiC 质无水泥耐火浇注料由于不含水泥成分以及加水量较低，硬化时间短，并且具有很高的流动性和填充密度，因而施工体的显气孔率低，高温强度大，耐热震，抗氧化，详见表 6-13。

Al_2O_3(-SiO_2)-SiC 质耐火喷射料和自流料往往用作高炉出铁沟渣线和铁线、铁水包、鱼雷车和混铁炉等易损部位内衬的喷补修理材料，如表 6-14 所示。它表明，用于铁沟喷补时，材料中 SiC 含量为 8%~25%（其中渣线喷补料中 SiC 含量为 15%~21%，而铁线喷补料中 SiC 含量为 8%~15%）。这类喷补料通常以铝酸钙水泥结合或者以硅酸盐结合，并添加硬化剂和增塑剂，其耐用性能较高。

表6-13 $Al_2O_3(-SiO_2)-SiC$ 质耐火浇注料和 $Al_2O_3(-SiO_2)-SiC$ 耐火自流料性能比较

性能	传统 $Al_2O_3(-SiO_2)-SiC$	$Al_2O_3(-SiO_2)-SiC$ 耐火自流料
显气孔率/%	18.5	<16.2
耐压强度/MPa	92	>120
体积密度/$g\cdot cm^{-3}$	2.53	>2.58
耐火度/℃	>1790	>1790

表6-14 铁沟喷涂料的品种、性能和用途

牌号		GA-80G	GC-20G	GC-8G	GC-15G	GC-65G	GP-50G
用途		大型高炉出铁沟			中小型高炉出铁沟		
		铁水线	渣线	铁水线/渣线	渣线/铁沟线	渣线/铁水线	铁沟线
用水量(质量分数)/%		9~11	9~11	10~12	10~12	10~12	11~13
化学成分/%	SiO_2	6	8	10	13	14	22
	Al_2O_3	77	65	72	62	68	51
	SiC	8	21	8	15	8	21
耐火度/℃		1790	1770	1770	1730	1730	1671.92
体积密度/$g\cdot cm^{-3}$		2.31	2.23	2.28	2.18	2.20	33
显气孔率/%		31	29	31	28	30	17.6
耐压强度/MPa		24.0	28.0	21.0	23.0	20.0	3.0
抗折强度/MPa		4.5	5.5	4.0	4.2	3.8	

表6-15示出了在水泥窑预热带上应用的 $Al_2O_3(-SiO_2)-SiC$ 质湿式耐火喷射（涂）料的性能。这种在粒度组成上，最大粒度为5mm，1mm以下颗粒的体积比例为60%~80%的材料能够确保稳定的压送性。如果颗粒偏离这一组成范围，就会使加水量大幅度增加，

或在压送过程中发生堵塞软管等问题。在提高材料附着性方面，选择在喷嘴处添加促凝剂颇为重要。试验时由于预热带采用 250mm 的施工厚度，所以选择了能快速产生强度的促凝剂。

表 6－15 Al_2O_3（－SiO_2）－SiC 质湿式耐火喷射（涂）料的性能

项目		数值
Al_2O_3 含量/%		25
SiC 含量/%		63
体积密度/$g \cdot cm^{-3}$	110℃，24h	2.60
	1400℃，3h	2.55
抗折强度/MPa	110℃，24h	11.9
	800℃，3h	12.6
	1200℃，3h	14.5
	1400℃，3h	17.0
耐压强度/MPa	110℃，24h	55.9
	800℃，3h	57.9
	1200℃，3h	80.4
	1400℃，3h	83.4

湿式喷射料采用了 SiC 含量为 63%，最大颗粒为 5mm，1mm 以下颗粒的体积比例为 65% 的粒度组成，见表 6－15。

这种 Al_2O_3（－SiO_2）－SiC 质湿式耐火喷射（涂）料在水泥窑上进行了实际应用。其喷涂条件是压送泵设置在地面上，把喷涂料压送到 60m 的高处，其施工情况见表 6－16。

表 6－16 湿式喷涂料的施工情况

项目		数值
施工量/t	Al_2O_3（－SiO_2）－SiC 湿式喷涂料	30.0
	Al_2O_3 湿式喷涂料	4.0
	隔热湿式喷涂料	1.0
施工工期/d		5
内衬厚度/mm	Al_2O_3（－SiO_2）－SiC 湿式喷涂料	130～150
	Al_2O_3 湿式喷涂料	150～180
	隔热湿式喷涂料	50

由表6-16看出：湿式喷涂料能够保证稳定的压送性，而且也能够进行高附着率的作业。湿式喷涂料的施工方法与过去的模板浇注法相比，可以大幅度缩短施工工期。

6.6.2 O'-Sialon-ZrO_2-SiC耐火材料

O'-Sialon-ZrO_2-SiC质耐火材料可以采用热压烧结或者常压烧结工艺制造。这类材料具有强度大，抗热震性好，耐侵蚀性强等优点，是一类高技术、高性能的优质高效复合耐火材料。

实验研究的结果表明：O'-Sialon-ZrO_2-SiC质耐火材料具有良好的抗氧化性，在1200℃以下其抗氧化性能很好；虽然在1200℃以上氧化加剧，但在1350℃空气中氧化1h，其增重也只有0.45mg/cm^2。1500℃时材料的氧化产物主要由α-方石英、m-ZrO_2、t-ZrO_2、$ZrSiO_4$等组成。

根据气/固相反应动力学原理，O'-Sialon-ZrO_2-SiC质耐火材料的氧化反应由以下几个步骤组成：

（1）气相中的O_2通过气相边界扩散到产物表面（外扩散）；

（2）氧原子通过产物层向边界界面扩散（内扩散）；

（3）在反应界面发生氧化反应（界面化学反应），包括吸附、化学反应、脱附三个环节；

（4）反应产物的内扩散；

（5）反应产物的外扩散。

O'-Sialon-ZrO_2-SiC耐火材料氧化规律服从化学反应控速-混合控速-扩散控速三段模型。由此便能推出O'-Sialon-ZrO_2-SiC质耐火材料在不同氧化阶段的动力学方程如下：

（1）氧化前期，由于反应产物层很薄，因而整个氧化反应速度$(\mathrm{d}m/\mathrm{d}t)_1$受界面化学反应控制，显然$(\mathrm{d}m/\mathrm{d}t)_1 \propto t$，则下式成立：

$$(\mathrm{d}m/\mathrm{d}t)_1 = K_c t \qquad (6-36)$$

式中，K_c为材料氧化前期的氧化反应速度常数。

（2）氧化后期，由于反应产物层加厚，O_2分子通过产物层扩散路径加大，氧化反应速度$(\mathrm{d}m/\mathrm{d}t)$受扩散控制，因而$(\mathrm{d}m/\mathrm{d}t)^2 \propto t$，则下式成立：

$$(dm/dt)_3^2 = K_D t \tag{6-37}$$

式中，K_D 为材料氧化后期的氧化反应速度常数。

（3）氧化中期，当材料表面形成一层 SiO_2 薄膜后，O_2 通过 SiO_2 层向反应界面扩散，或因氧化膜不完整，或由于范德华力的作用形成多分子吸附，所以材料氧化反应速度 $(dm/dt)_2$ 由化学反应和扩散速度共同控制，因而下式成立：

$$(dm/dt)_2 = B(dm/dt)_1 + (dm/dt)_3^2 = K_M t \tag{6-38}$$

式中，K_M 为材料氧化中期的氧化反应速度常数；B 为常数。

6.6.3 Al_2O_3（$-SiO_2$）$-ZrO_2-SiC$ 质耐火材料

$Al_2O_3-SiO_2-ZrO_2$ 质耐火材料是氧化物系耐火材料中一类重要的耐火材料。向这类耐火材料中配置一定数量 SiC 可明显地改善其性能。下面仅对 Al_2O_3（$-SiO_2$）$-ZrO_2-SiC$ 质耐火材料中莫来石－氧化锆－碳化硅质耐火材料作些简单的说明。

莫来石－氧化锆－碳化硅耐火材料由于具有比金属更好的抗侵蚀性能和远胜于莫来石质耐火材料的力学性能，而且还具有相当程度的抗严重损坏的能力，因而在高温结构工程中有可能被广泛应用。

低价位莫来石－氧化锆－碳化硅材料是以氧化铝、锆英石和碳化硅为原料，通过反应烧结工艺制备的。

当摩尔比为 3∶2 的 Al_2O_3 和 $ZrO_2 \cdot SiO_2$ 和 SiC 的混合粉料充分混磨、（加入暂时结合剂）混练、成球/压块、于 1450～1550℃ 中常压烧结或者通过热压烧结都可合成莫来石－氧化锆－碳化硅材料。

有文献指出，摩尔比为 3∶2 的 Al_2O_3 和 $ZrO_2 \cdot SiO_2$ 和 SiC 的混合粉料压块在 1550℃ 的温度中常压烧结时，Al_2O_3 和 $ZrO_2 \cdot SiO_2$ 按化学计量反应可完全生成 $3Al_2O_3 \cdot 2SiO_2$ 和 ZrO_2。在采用电炉烧结时，材料会依 SiC 含量而表现出良好的致密性，如图 6－32 和图 6－33 所示。

图 6－32 和图 6－33 都表明，莫来石－氧化锆－碳化硅材料的致密程度受 SiC 含量的影响，即 SiC 含量越高，复合材料的密度就越低。在 SiC 含量（质量分数）为 10%～30% 时，复合材料的密度最大。不过，在 SiC 含量为 15% 时，观察到密度的突降和显气孔率的骤升（图 6－32）的现象。这种现象显然是因为锆英石的分解或者是

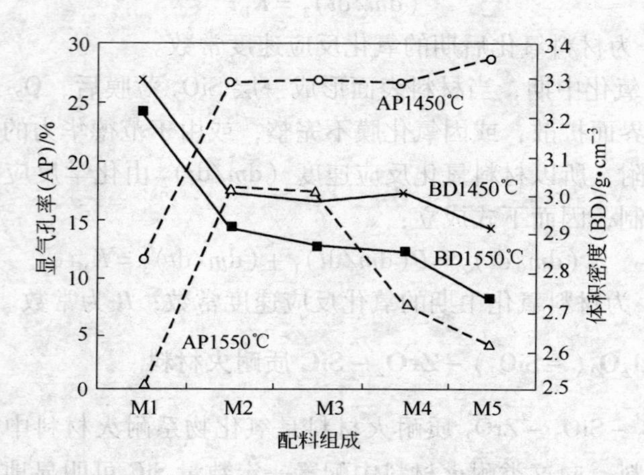

图 6－32 试样经 1450℃、1550℃烧成后的显气孔率和体积密度

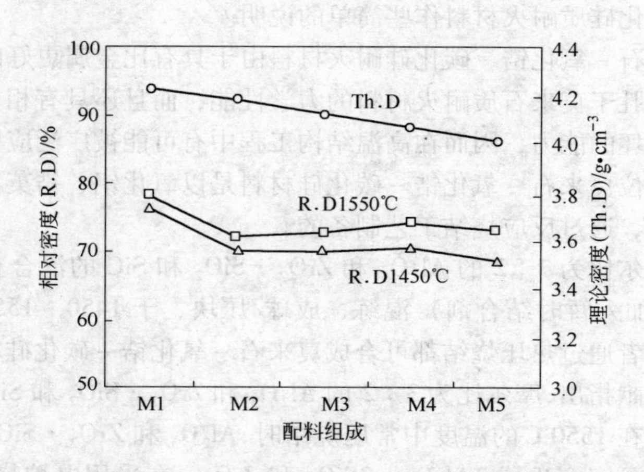

图 6－33 试样经 1450℃、1550℃烧成后的相对密度和理论密度

发生莫来石化反应而导致生成物的改变所造成的。增加 SiC 含量，尽管显气孔率会逐渐降低，同时密度也会进一步降低（图 6－32），但相对密度变化却较小（图 6－33）。

材料烧结温度不同，产生的显微结构也不同。通过显微结构的研究得出，当烧结温度为 1450℃时得到不规则和多孔的材料，而烧结温度提高到 1550℃时材料中玻璃相的数量增加了，并得到了细气孔结构。

不过，在 SiC 存在的情况下，氧化铝和锆英石发生反应，还应当考虑在加热过程中的气－固反应（主要是 SiC 的氧化），即莫来石和 ZrO_2 在 SiC 氧化过程中（特别是被烧结材料内部致密化），对氧的扩散起到一种物理阻碍作用，因为在烧结试样磨光照片上发现含有相当数量的 SiC 就是证明。这表明大量的 SiC 表面被动氧化生成了保护性的 SiO_2 薄膜，而阻止了烧结材料的进一步氧化，气孔率降低以及密度降低可能是这种氧化所致的。

在这种情况中，SiC 氧化方式可以表示为：

$$SiC + O_2(\text{低氧分压}) = SiO + CO(\text{主动氧化}) \quad (6-39)$$

$$2SiC + 3O_2(\text{高氧分压}) = 2SiO_2 + 2CO(\text{被动氧化}) \quad (6-40)$$

这样一来，材料表面或靠近表面的 SiC 颗粒，经过被动氧化形成一种硅酸盐玻璃相，覆盖了剩下的 SiC 颗粒。在材料内部，氧分压降低，结果则导致 SiC 主动氧化行为的发生。但材料致密化会导致开口气孔减少，使 CO 困在封闭气孔中，从而使 CO 分压快速达到平衡，氧化反应终止。

在气孔中的 CO 分压能够阻止孔内分压的降低而抑制了材料进一步致密化。显然，SiC 含量逐步减少便导致了封闭气孔的增加，如图 6－34 所示。这或许是 1550℃烧结材料密度和气孔率都降低的原因。

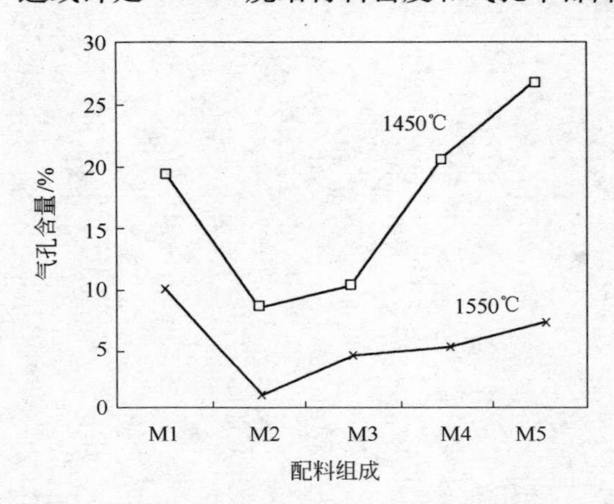

图 6－34 试样经 1450℃、1550℃烧成后的闭口气孔

1550℃烧结材料的常温耐压强度示于图6－35中。该图表明，含10% SiC的$3Al_2O_3\cdot 2SiO_2-ZrO_2-SiC$材料显示出最大强度，增加SiC含量会导致材料强度逐渐降低的问题出现。

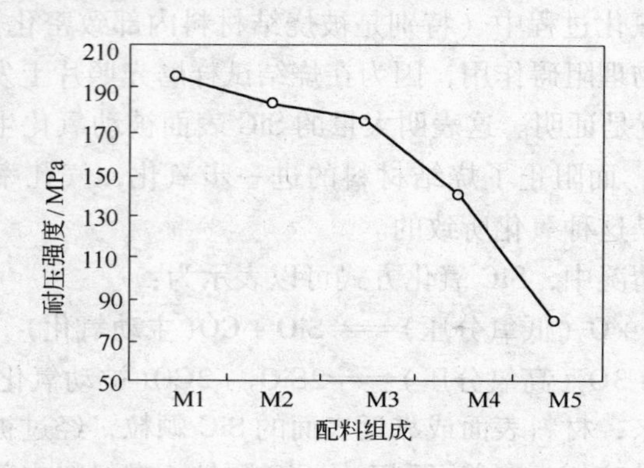

图6－35 试样经1550℃烧成后的常温耐压强度

由此可见，通过反应烧结合成的$3Al_2O_3\cdot 2SiO_2-ZrO_2-SiC$材料具有良好的显微结构和许多优良性能，而且SiC含量易于控制，是一种高性能的材料。

7 氧化物 – SiC – C 质耐火材料

由 SiC 和 C 同氧化物搭配可以构成一系列氧化物 – SiC – C 质复合耐火材料，其中 Al_2O_3 – SiC – C 质复合耐火材料是在炼铁工业中早已被大量使用的标准耐火材料。它们用作出铁沟、铁水包、铁水预处理鱼雷车和冲天炉炉缸等内衬耐火材料。根据筑衬方法分为捣打料、干振料（振动成型料）、浇注料和修补/喷补料以及出铁口炮泥等许多品种。归纳起来主要有以下两大类型：

（1）含碳结合剂（如焦油、沥青、树脂）结合的或者磷酸或者黏土结合的捣打料。

（2）铝酸钙水泥结合剂（CA – 70C/CA – 80C）或者黏土或者磷酸结合的耐火浇注料。

而有关的干振料（振动成型料）、修补/喷补料等则是由这两类不定形耐火材料派生（改性）的产品。所有这些材料已在第 5 章中作过深入的讨论，这里就不重复了。所以，下面仅以 MgO – SiC – C 质耐火材料为例来分析“氧化物 – SiC – C 质耐火材料”的配方设计、原料选择、产品制造、材料性能和应用技术等问题。

7.1 MgO – SiC – C 质耐火材料

众所周知，MgO 质耐火材料具有极高的抗侵蚀性，但却容易被熔渣渗透而导致结构剥落，因而难以获得高的使用寿命。为了抑制熔渣向 MgO 质耐火材料内部的渗透，其方法是向配料中添加石墨而获得 MgO – C 质复合耐火材料（简称 MgO – C 质耐火材料）。它们具有较好的抗侵蚀性、抗渗透性和抗热震性。原因在于 C 具有优良的抗浸润性，线膨胀系数小和热导率高等。然而，MgO – C 质耐火材料却因为含有较多的 C，所以它们的抗氧化性较差，并存在有可能使钢水增碳的问题。同时，高 C 含量的 MgO – C 质耐火材料在高温减压条件下使用时，容易产生如下反应：

$$MgO(s)+C(s) \longrightarrow Mg(g)+CO(g) \tag{7-1}$$

导致结构损坏，因而也难以获得高的使用寿命。

为了克服MgO－C质耐火材料的上述缺点，一种可靠的技术方案是向材料中配入多量的类似于具有石墨性能的SiC来降低C的含量，以确保不致降低材料的抗热震性能。

20世纪90年代，李晓明和吴清顺等人对MgO－SiC－C质不烧砖作过研究。他们采用冶金镁砂、I级制砖镁砂和电熔镁砂为骨料，加入SiC和C制成粒度小于0.088mm混合细粉（71.40% SiC和27.30% C），选用多种结合剂，研究了MgO－SiC－C质不烧砖的性能。结果表明，这类耐火材料具有优良的抗氧化性和良好的抗渣性。

后来，又有专利文献报道了MgO－SiC－C质耐火材料具有较好的抗侵蚀性、抗渗透性和抗热震性以及耐磨损性等内容，并认为它们可以作为钢包渣线和高温减压容器内衬的新型耐火材料应用。

7.1.1 热力学分析

先考察SiC－C系统。如早已了解的那样，在有C存在的SiC系统中，根据C－O平衡，在1000℃以上的高温条件下，气相中存在CO_2、O_2和SiO，则Si－C－O系中凝聚相的稳定范围如图7－1所示。图中表明，SiC与C共存的稳定范围随$p(CO)$的提高和温度的上升而扩大，在$p(CO)=p^{\ominus}=0.1MPa$的条件下，当温度高于1544℃时，SiC是不稳定的；相反，当温度低于1544℃时，SiC却是稳定的。

上述情况是在不考虑SiO(g)影响的情况下得出的结论，实际上，在Si－C－O系中，SiO(g)相是不能忽略的，此时Si－C－O系中凝聚相的稳定范围如图6－7所示（详见6.2.2）。

在MgO－SiC－C系（相当于Mg－SiC－C－O系）中，$p(CO)=p^{\ominus}=0.1MPa$时，在高温条件下，C和SiC还原MgO的可能反应如下：

$$MgO(s)+C(s) \longrightarrow Mg(g)+CO(g) \tag{7-2}$$

$$\Delta G^{\ominus}_{41}=142950-66.35T \tag{7-3}$$

$$MgO(s)+SiC(s) \longrightarrow Mg(g)+SiO(g)+C(g) \tag{7-4}$$

$$\Delta G^{\ominus}_{43}=751100-325.53T \tag{7-5}$$

$$2MgO(s)+SiC(s) \longrightarrow 2Mg(g)+SiO(g)+CO(g) \tag{7-6}$$

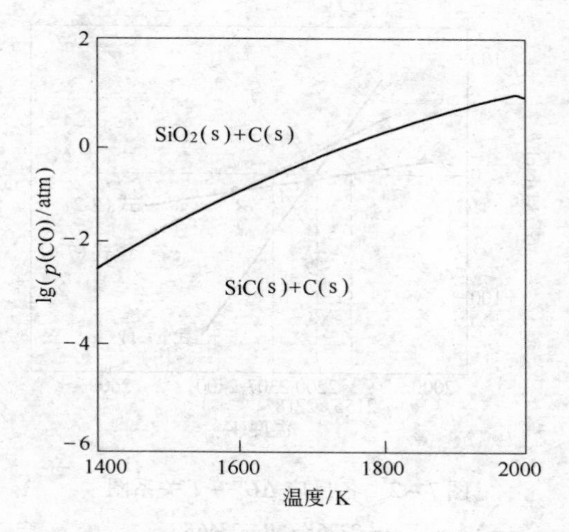

图 7-1 Si-C-O 系中凝聚相的稳定范围（1atm = 0.1MPa）

$$\Delta G_{45}^{\ominus} = 1369400 - 617.29T \qquad (7-7)$$

由 $\Delta G_{41}^{\ominus}$、$\Delta G_{43}^{\ominus}$ 和 $\Delta G_{45}^{\ominus}$ 可以作出 $\Delta G_i^{\ominus}$ 与温度 T 的关系如图 7-2 所示。

图 7-2 表明，在标准状态下，反应（7-2）、反应（7-4）和反应（7-6）的开始反应温度分别为 2155K（1880℃）、2218K（1945℃）和 2307K（2034℃）。对比反应式（7-4）和反应式（7-6）可知，在超高温度条件下，在有碳过剩存在时，SiC 还原 MgO 的反应式（7-4）和反应式（7-6），应以后者优先进行（图 7-2）。图 7-2 同时表明，当有碳过剩存在时，在炼钢操作条件下，SiC 是稳定的而不大可能还原 MgO。

然而，当 C 被烧掉之后，MgO - SiC - C 系即转变为 MgO - SiC 系，此时 SiC 即将氧化为 SiO_2，并同 MgO 反应生成 $2MgO \cdot SiO_2$：

$$SiC(s) + 3/2O_2(g) = SiO_2(s) + CO(g) \qquad (7-8)$$

$$\Delta G_{47}^{\ominus} = -225413 + 18.23T \qquad (7-9)$$

SiO_2 立即同 MgO 反应生成 $2MgO \cdot SiO_2$：

$$2MgO(s) + SiO_2(s) = 2MgO \cdot SiO_2(s) \qquad (7-10)$$

$$\Delta G_{47}^{\ominus} = -67200 + 4.31T \qquad (7-11)$$

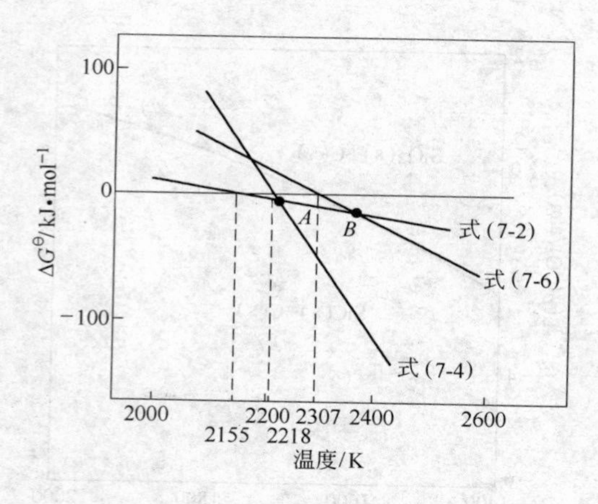

图 7 - 2　各反应 $\Delta G_i^{\ominus} - T$ 关系图

A—2226K；*B*—2346K

这会严重降低材料的抗渣性，说明如何确保 MgO - SiC - C 耐火材料中碳不被烧掉是设计这类耐火材料的重要课题。为此，可向配料中添加抗氧化剂，如 Al、Si、Mg、Mg - Al、B_4C 和 CaB_6 等抗氧化剂以确保 C 不被烧掉。

7.1.2　MgO - SiC - C 砖的设计

MgO - SiC - C 耐火材料（砖）可以以 MgO - C 耐火材料（砖）为原型进行设计。通常以电熔镁砂/烧结镁砂为骨料，将镁砂、SiC 和 C 制成粒度至 - 180 目（0.078mm）混合粉料，用液体酚醛树脂作结合剂，混练、压制、热处理后获得 MgO - SiC - C 耐火砖。其中，SiC 和 C 需要根据使用要求进行调节。当需要低碳化时即应设计低碳 MgO - SiC - C 耐火砖。此时，为了使 C 能在配料中均匀分布，需要选用薄片石墨（厚约 12μm）或者微细石墨作为碳源。为了抑制 MgO - SiC - C 耐火砖中 SiC 在炼钢条件下氧化，应确保 C 不被烧掉，因而需要向配料中添加抗氧化剂。只要这些要求得到满足，即使在低碳的情况下，也能使材料的耐磨损性得到提高。

研究结果表明，按上述思路设计的 MgO - SiC - C 耐火砖的抗热震性、耐蚀性和耐磨损性都是很高的。估计它们完全能够与钢包渣线的操作条件以及钢水真空脱气装置的使用条件相适应。

7.1.3　MgO－SiC－C 砖的性能

李君等曾对 MgO－SiC－C 砖的力学性能进行过对比研究，对我们研究这类耐火材料的性能和应用是有意义的。

图 7－3 示出了 MgO－SiC－C 试样在不同温度时经 4h 处理后的常温抗折强度（CMOR）随热处理温度变化而变化的情况。

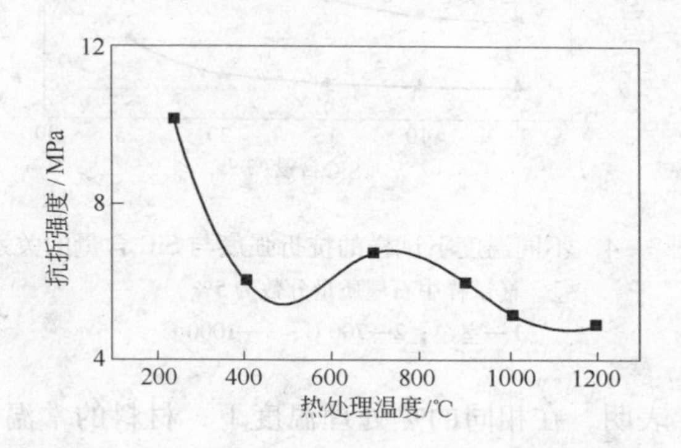

图 7－3　MSC－4 试样常温抗折强度与热处理温度的关系（75MgO－20SiC－5C 试样）

图 7－3 表明，在 200℃固化处理的材料具有最大的抗折强度值。热处理温度提高，材料的常温抗折强度下降。在 700℃热处理后的材料，其常温抗折强度出现峰值。此后，随热处理温度再提高，材料的常温抗折强度又再次逐渐降低。

MgO－SiC－C 材料的强度产生上述变化的原因被认为是由经不同温度热处理后的结合相结构的变化引起的。在 200℃固化处理的材料中其树脂为固体玻璃态，因而材料具有最大的抗折强度值。热处理温度提高到 250～500℃，结合相分解产生大量气孔，而导致材料强度降低。热处理温度提高到 500～700℃时，结合相炭化，材料强度逐渐增大。700℃热处理后材料强度达到峰值。此后再随热处理温度提高，结合相炭化收缩产生内应力和收缩裂纹，材料强度又缓慢下降。

图 7 - 4 示出的是 MgO - SiC - C 材料经不同温度热处理后 SiC 含量对其常温抗折强度的影响。

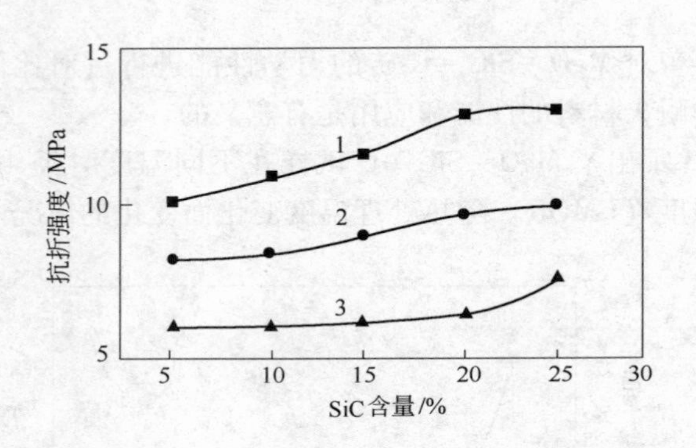

图 7 - 4　不同温度下试样的抗折强度与 SiC 含量的关系
（试样中石墨质量分数为 5%）
1—室温；2—700℃；3—1000℃

图 7 - 4 表明，在相同的热处理温度下，材料的常温抗折强度随组成中 SiC 含量的增加而提高。其原因是 SiC 是一种共价键很强的非氧化物，其中 Si - C 原子间键能较大，与 MgO 相比具有较高的弹性模量和强度，因而 SiC 的配入应有利于材料强度的提高，其结果必然是随 SiC 含量的增加，材料的抗折强度也增大。

图 7 - 5 为 700℃，4h 热处理后的 90MgO - 5SiC - 5C 材料和 70MgO - 25SiC - 5C 材料的抗折强度 - 温度曲线。

与 200℃ 固化处理的材料不同，700℃，4h 热处理后的材料，其热态抗折强度随温度升高缓慢增大，在约 800℃ 时达到最大值，800℃ 以后，材料热态抗折强度又缓慢下降，但幅度较小。可以认为：700℃，4h 热处理后的材料，结合剂已经炭化，结构稳定，因而温度变化时不存在结合剂软化而造成强度低谷的问题。在加热的低温阶段，由于树脂分解以及各相的线膨胀系数失配而导致材料中出现大量气孔，结果其显气孔率较固化处理的材料高。在随后的加热过程中，MgO 受热膨胀充填气孔，材料的强度逐渐增大。此外，高温下由于

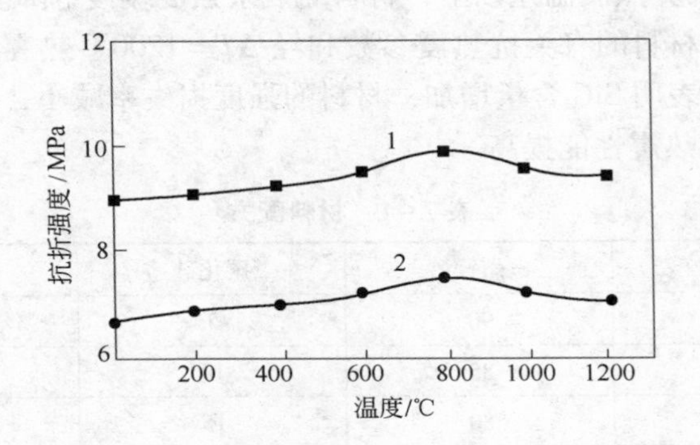

图7－5 700℃热处理试样的抗折强度－温度曲线

1—70MgO－25SiC－5C试样；2—90MgO－5SiC－5C试样

塑性变形将缓解材料内部的压应力，也有利于强度的提高，并在约800℃时达到最大值。800℃以后，由于结合相在温度提高时变化不大，材料在高温区的塑性变形程度随温度提高的变化很小，而材料内相界面间产生压应力，结果则导致材料的强度降低。

图7－6示出的是MgO－SiC－C材料强度随热震温差ΔT的变化曲线。

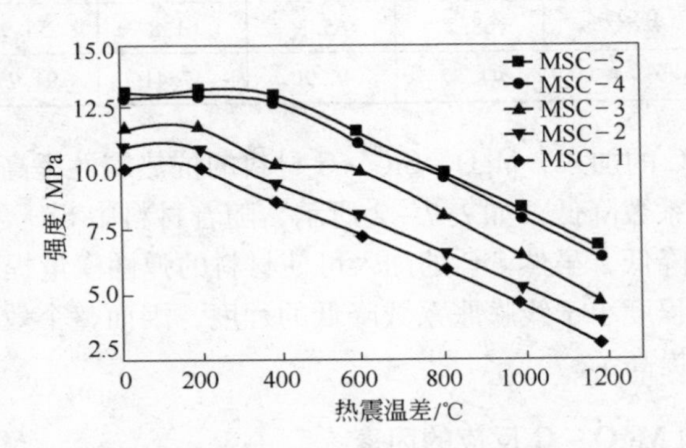

图7－6 试样的强度随热震温差的变化

对照表7－1示出的材料配方可知，SiC含量从0增加到25%后改善了材料的抗裂行为，使得其临界热震温差由200℃提高到约

400℃。在临界热震温差以上，材料的残余强度缓慢下降。表7－2列出了这5种材料的有关抗热震参数和经$\Delta T=1200$℃热震后材料的强度损失率。表明SiC含量增加，材料的强度损失率减小，抗热震参数R_{st}增大，抗热震性能提高。

表7－1 材料配方

试样编号	电熔镁砂	碳化硅	石 墨
MSC－1	90	5	5
MSC－2	85	10	5
MSC－3	80	15	5
MSC－4	75	20	5
MSC－5	70	25	5

表7－2 抗热震参数和热震强度损失率

试样编号	MSC－1	MSC－2	MSC－3	MSC－4	MSC－5
断裂强度/MPa	10.0	10.81	11.61	12.90	13.10
断裂功/J·m^{-2}	6952	84.62	87.92	87.56	124.35
弹性模量/GPa	1.59	1.67	2.02	2.19	2.92
线膨胀系数/℃$^{-1}$	5.0×10^{-6}	4.8×10^{-6}	4.4×10^{-6}	2.3×10^{-6}	1.5×10^{-6}
热震后强度损失率/%	68.2	65.3	61.8	54.9	54.4
抗热震参数/m$^{1/2}$·℃$^{-1}$	41.82	46.90	47.41	91.27	137.64

随着SiC的加入，MgO－SiC－C材料的抗热震性提高，主要原因是其线膨胀系数降低。如表7－2所示，随着材料中SiC含量的增加，线膨胀系数降低，虽然SiC的加入可使材料的弹性模量提高，但弹性模量提高的程度小于线膨胀系数降低的程度，因而整个效应是材料的抗热震性能提高了。

7.1.4 影响MgO－C反应的因素

MgO－SiC－C耐火材料（砖）作为钢包渣线部位的内衬耐火材料应用时，可获得高的耐用性能。此外，高温减压条件下使用MgO－SiC－C耐火材料（砖）时，其主要用作精炼钢包内衬耐火材料，也能获得较理想的使用寿命。

由于在有 C 存在时，在炼钢操作条件下，SiC 是稳定的，而不会因 SiC 氧化而导致 $2MgO \cdot SiO_2$ 生成，降低 MgO 的抗渣性。因此，MgO - SiC - C 耐火材料（砖）的成功应用是确保 C 不被烧掉。

在高温减压条件下，MgO - C 反应（氧化 - 还原反应）是导致 MgO - SiC - C 耐火材料损毁的一个主要原因。下面就此作些简单的分析。

考虑到在炼钢操作条件下 SiC 是稳定的这一事实，为了方便起见，在分析 MgO - SiC - C 耐火材料在高温减压下因 MgO - C 间的氧化 - 还原反应而导致材料损毁机理及其相关问题时，主要通过分析 MgO - C 材料中的 MgO - C 反应导致其损毁的结果来预测 MgO - SiC - C 材料的损毁是可行的。

7.1.4.1 高温减压下 MgO - C 反应模型

大量的研究结果表明，C 气相氧化反应对于 MgO - C 耐火材料（砖）在高温减压下质量损失的影响非常小，因而可以用式（7 - 2）作为该材料在高温减压下分析 MgO - C 反应的模型。

在高温减压下，这种 MgO - C 反应发生在材料本身的结构中，因而除了温度和气压之外，一般与外部其他因素无关。

如果将反应式（7 - 2）大致分为两个过程：

（1）在 MgO/C 界面的化学反应；

（2）Mg(s) 和 CO(g) 由 MgO - C 材料内部向表面扩散。

再假定在 MgO/C 界面生成的空隙较小（图 7 - 7），那么 MgO 和 C 的体积减少量也会较小。

在 MgO - C 反应过程中，当化学反应控速（相当于反应初期）时，反应量（材料质量减少量）ΔW_1 同反应时间 t 成比例：

$$\Delta W_1 \propto t, \Delta W_1 = K_R t \qquad (7-12)$$

式中，K_R 为化学反应速度常数。

随着 MgO - C 反应的进行，即当 MgO(s) 和 CO(g) 反应生成 Mg(s) 和 CO(g) 之后，反应控速则由 MgO(s) 和 CO(g) 从材料内部向表面扩散的速度控制。因此，反应量 ΔW_3 的平方同反应时间 t

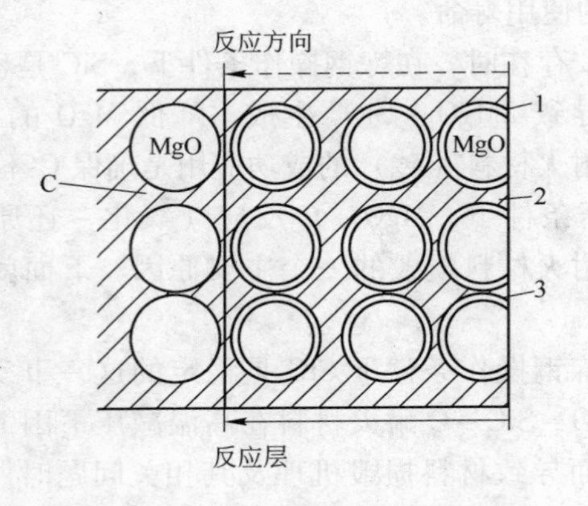

图7－7 反应模型

1—间隔尺寸；2—热面；3—表面积

成比例：

$$(\Delta W_3)^2 \propto t, (\Delta W_3)^2 = K_D t \qquad (7-13)$$

式中，K_D 为扩散反应速度常数。

7.1.4.2 影响MgO－C反应的因素

在高温减压下的MgO－C反应早已进行过研究，影响这一反应的因素和添加抗氧化剂的效果也有报道。

一般说来，由于MgO－C反应发生在材料本身的结构中，因而原料组分的相对含量、MgO/C比例、抗氧化剂的类型和数量以及主原料的颗粒大小等都是这一反应的重要影响因素。而外部条件则主要是温度和气压，而与其他外部因素没有太大的关系。

A 温度的影响

在减压的高温条件下，MgO－C反应导致材料的质量减少与相关温度的关系如图7－8所示。

图7－8表明，未加抗氧化剂的材料，在气压小于10kPa时，虽然在1500℃时材料的质量减少量不大，但温度上升到1600℃时材料的质量减少量却明显增大了，而且在保温1h后材料的质量减少量即达到恒定值（相当于C全部被烧掉）。图7－8同时表明，当材料在

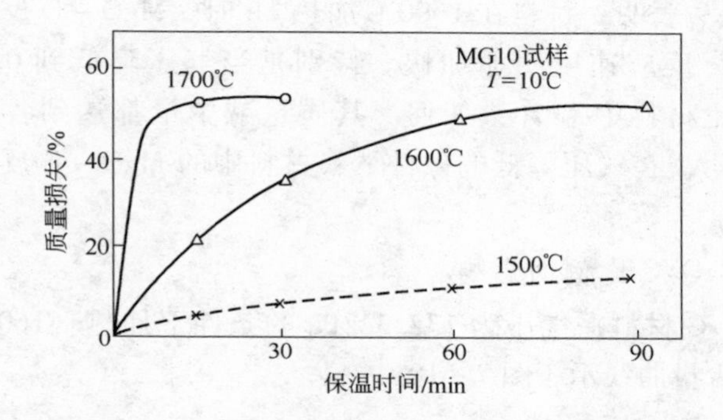

图 7－8 在压力降到小于 10kPa 时温度和保温时间对加热 MgO－C 砖失重的影响

1700℃加热时，仅需保温 15min，其质量减少量就达到了恒定值（相当于 C 全部被烧掉）。这说明温度越高，MgO－C 反应就越快。

B 减压的影响

减压对 MgO－C 反应的影响如图 7－9 所示。

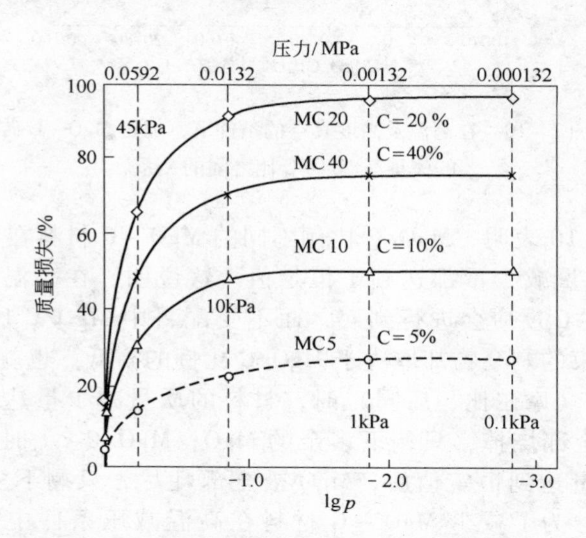

图 7－9 在各种压力降低的情况下，于 1600℃，加热 1h 的 MgO－C 砖中石墨比对失重的影响

图7-9表明，材料在1600℃加热1h时，MgO-C反应随着气压的降低，反应速度明显加快。特别是当气压降低到0.0132MPa之后，不论材料中C含量如何，其质量减少量都达到各自的恒定值。这表明，在气压降低的条件下，材料中的MgO-C反应是非常迅速的。

C MgO/C比例的影响

MgO-C材料在气压为132.322Pa的条件下加热（1600℃，1h）的质量减少量曲线示于图7-10中。

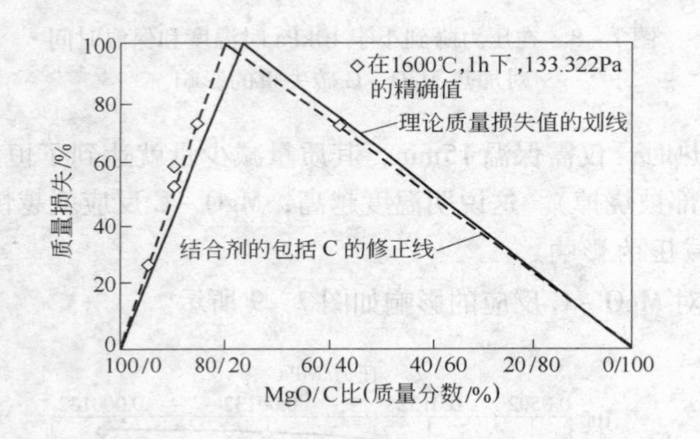

图7-10 在高温及高度真空的条件下，加热MgO-C砖的失重与MgO/C比之间的关系

图7-10表明，MgO/C比例不同的MgO-C材料在1600℃加热1h的质量减少量都达到了恒定值。这说明，在高温减压条件下，MgO-C反应会进行到底，而不受配料中MgO/C比例控制，但反应结束的剩余物却取决于MgO/C比例的高低。也就是说，在MgO/C>1（摩尔比，后同）时，材料的质量减少量达到恒定值后，C被全部烧掉，只剩下多余的MgO；MgO/C<1时，材料的质量减少量达到恒定值后，MgO被全部耗尽，只剩下多余的C。由此可见，为了减少MgO-C材料在高温减压条件中使用时因MgO-C反应导致的损毁，需要提高配料中的MgO/C比值（低碳化较理想）。

D 氧化物种类的影响

图 7－11 表明，$MgO \cdot Cr_2O_3$－C 材料在高温减压下 1600℃加热 1h 后，其质量减少量几乎与真空度无关，而 $MgO \cdot Al_2O_3$－C 材料在气压由标准状态降低到 1.32×10^{-3}MPa 以前，其质量减少量比MgO－C 材料小，但气压降低到 1.32×10^{-3}MPa 时，其质量减少量则达到了恒定值。这说明气压大于 1.32×10^{-3}MPa 时，MgO－C 材料因MgO－C 反应所导致的损毁比 $MgO \cdot Al_2O_3$－C 材料大。

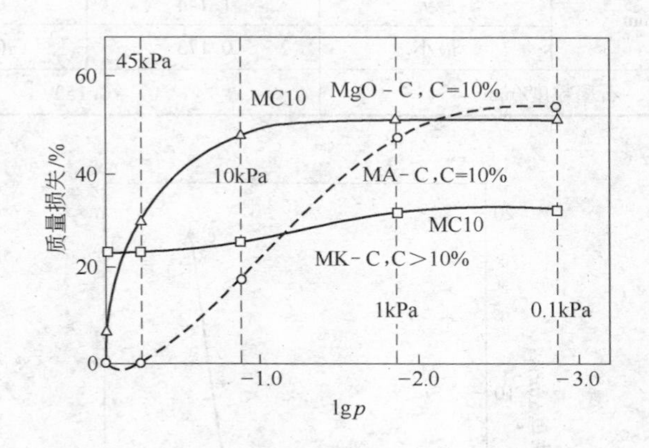

图 7－11 在各种压力降低的情况下，于 1600℃，加热 1h 的 MgO－C 砖的原料种类对失重的影响

E 镁砂颗粒大小的影响

曾有人以表 7－3 中的试样为基础研究了在高温减压下镁砂颗粒大小对 MgO－C 材料质量减少量的影响。考虑到石墨分散在 MgO 颗粒周围，而且为了不使各 MgO 颗粒之间的石墨厚度与 MgO 粒径不同时有较大的差别，因而采用的试样 A、试样 B 的配比（质量比）分别为 MgO/石墨＝90.5/9.5、MgO/石墨＝74/26。图 7－12 示出了试样 A、试样 B 在不同高温下的质量减少量。图 7－13 则示出了在 1600℃，10^{-4}MPa 的气压下保温时间对 MgO－C 材料的质量减少量的影响。这两幅图都表明，MgO 粒径较小的材料的质量减少量大，说明较小粒径 MgO 颗粒同石墨之间的 MgO－C 反应速度较大。

表 7 - 3 试样制作

项目		试样 A	试样 B
原料	MgO	电熔氧化镁（MgO 含量为 99.5%）	
	C	高纯石墨（C 含量为 99%）	
化学组成/%	MgO	90.5	74
	C	9.5	26
MgO 粒度组成/mm	平均	0.586	0.163
	最大	1.144	0.296
	最小	0.173	0.063
石墨粒度/mm		-0.152	

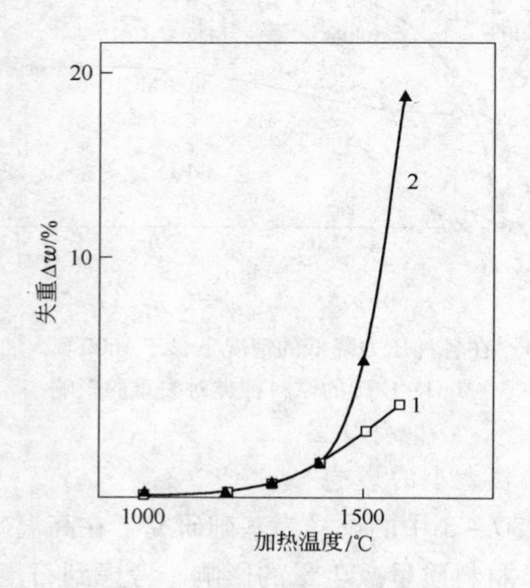

图 7 - 12 失重与温度的关系
（压力为 0.00001MPa，保温时间为 60min）
1—试样 A；2—试样 B

F 抗氧化剂的影响

在标准状态下，抗氧化剂能提高 MgO - C 材料的抗氧化性能。因为抗氧化剂的活性都很强，在加热过程中能形成若干中间产物，它们可通过气 - 固相类型反应，或者气 - 液 - 固相类型反应来实现。抗氧

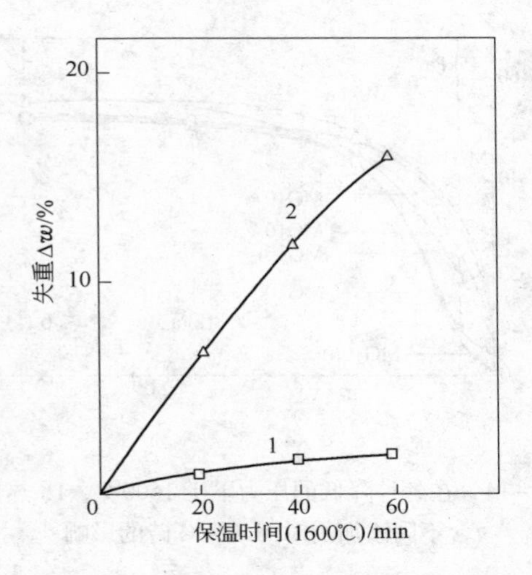

图 7－13 失重与保温时间的关系
（压力为 0.0001MPa）

化剂填塞 MgO－C 材料的孔隙的倾向是抗氧化技术发展的本质。在氧化－还原条件下，每一种抗氧化剂的析出是显著的，但过程是很复杂的。

然而，上述结果并不完全适应高温减压下的情况，如图 7－14 所示。

图 7－14 表明，总的趋势是含不同类型抗氧化剂的 MgO－C 材料在气压降低到 1.32×10^{-2}MPa 时，在 1600℃加热 1h 后的材料的质量减少量都达到恒定值，而与是否添加抗氧化剂或者添加何种抗氧化剂都没有关系。但是，在 0.1～0.0592Pa 稍微降低气压的情况下，加入抗氧化剂的种类不同，材料的质量减少量也不同。在这种情况下，存在 $CaB_6 < MgB_2 < B_4C < ZrB_2 < Al$ 质量减少值依次变大的顺序。其中加入 CaB_6 或 MgB_2 时，材料质量减少量较小。

因为在无任何抗氧化剂的情况下，MgO－C 反应为式（7－2），相应的 $p(\mathrm{Mg})$ 为：

$$\lg p(\mathrm{Mg}) = -\lg p(\mathrm{CO}) + \lg K_{41} \qquad (7-14)$$

在降低气压的情况下，高温加热无任何抗氧化剂的 MgO－C 材料

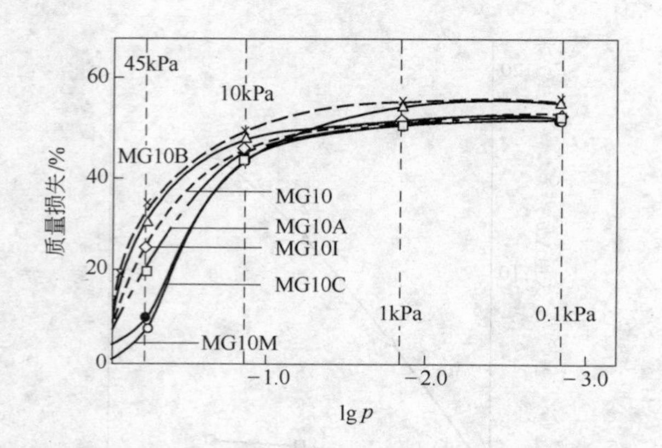

图7－14 在各种降低的压力下于1600℃，1h热处理含不同添加剂对MgO－C砖的影响

时，Mg(g) 和CO(g) 扩散到材料的热面并自由地释放到外部大气中。这是因为材料内的Mg(g) 和CO(g) 的压强变得比外部大气压强高的缘故。然而，含抗氧化剂的MgO－C材料在同样的条件中加热时，材料中的Mg(g) 和CO(g) 将按下式降低：

$$XM(s) + YCO(g) = M_XO_Y + YC(s) \quad (7-15)$$

$$\lg p(CO) = -1/Y\lg K_{15} \quad (7-16)$$

或

$$M_XC_Z(s) + YCO(g) = M_XO_Y(s) + (Y+Z)C(s) \quad (7-17)$$

$$\lg p(CO) = -1/Y\lg K_{17} \quad (7-18)$$

因此，含抗氧化剂的MgO－C材料在同样的条件下加热时，材料中$p(Mg)$将按下式增加：

$$\lg p(Mg) = \lg K_8 + 1/Y\lg K_{15} \quad (7-19)$$

或

$$\lg p(Mg) = \lg K_8 + 1/Y\lg K_{517} \quad (7-20)$$

在气压降低的情况下，高温加热含抗氧化剂的MgO－C材料，其内部的$p(CO)$将根据式（7－15）或者式（7－17）降低，在1627℃与金属Ca或者Al共存的情况下，$\lg p(CO)$分别为－4.13（相当于0.04mmHg柱）或者－2.14（相当于5.5mmHg柱），然后

Mg(g) 扩散到热面并与大气中 O_2 反应生成次生的 MgO 沉淀层（图 7－15），使材料受到保护。

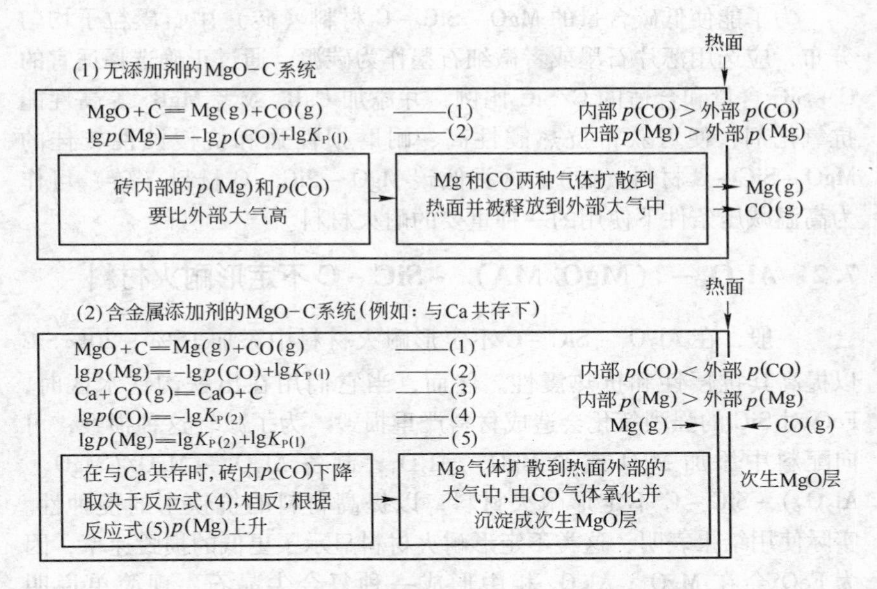

图 7－15 在降低压力形成的 MgO 层的氧化/还原反应

因此，添加抗氧化剂，例如 CaB_6 或者 MgB_2 等是在气压降低时防止 MgO－C 材料产生缺陷的一种方法，因为抗氧化剂对氧有强大的亲和力并形成次生的 MgO 沉淀层，所以认为是有效的。

7.1.5 高温减压下用 MgO－SiC－C 砖

在高温减压的钢水精炼操作条件下，精炼容器的 MgO－C 内衬材料的 MgO－C 反应是不可避免的。而且，即使添加抗氧化剂时也难以避免这种反应。结果，必定会导致内衬工作表面层的结构破坏而加速内衬损毁。这就解释了在高温减压的钢水精炼条件下，精炼容器的 MgO－C 内衬寿命为什么不高的原因。

为了减少精炼容器的 MgO－C 内衬材料在高温减压条件下的结构破坏，自然是降低材料中 C 的含量。然而，MgO－C 内衬材料低碳化所带来的问题是其抗热震性能也降低了。解决方法是在配料中降低 C

含量的同时配入具有类似石墨性能的 SiC 制造所谓 MgO－SiC－C 材料（砖）。

为了能使低碳含量的 MgO－SiC－C 材料（砖）中石墨粒子均匀分布，应选用薄片石墨或者微细石墨作为碳源。通过正确选择适宜的 C＋SiC 含量和合适的 C/SiC 比例，并添加 CaB_6 或者 MgB_2 等高性能抗氧化剂，便可获得抗热震性高、耐磨损性强和抗侵蚀性较佳的 MgO－SiC－C 材料（砖）。这类低碳 MgO－SiC－C 材料（砖）可作为高温减压条件下使用的一种重要的耐火材料。

7.2 Al_2O_3－（MgO/MA）－SiC－C 不定形耐火材料

一般，在 Al_2O_3－SiC－C 不定形耐火材料中添加 15%～20% SiC 以提高其抗侵性和抗热震性。然而，当它们用在出铁沟铁水区时，FeO 对 SiC 的强烈氧化会造成材料严重损毁。为了减轻这种损毁，可向配料中添加 MgO 或者 MgO · Al_2O_3，制备 Al_2O_3－MgO/(MgO · Al_2O_3)－SiC－C 不定形耐火材料，以提高材料的抗铁水的侵种性。实际使用结果表明，这类不定形耐火材料显示了更低的损毁速率，因为 FeO 会在 MgO · Al_2O_3 相中形成一种复合尖晶石。现简单说明如下。

7.2.1 开发含尖晶石 Al_2O_3－SiC－C 材料的理由

Al_2O_3－(MgO/MgO · Al_2O_3)－SiC－C 不定形耐火材料（尤其是浇注型材料）作为出铁沟铁水区内的耐火材料，源于脱硅出铁沟用 Al_2O_3(SiO_2)－SiC－C 耐火浇注料。由于在出铁沟内进行脱硅是连续处理，不需要附加处理时间，处理时温度几乎不下降，所以被广泛使用。

但是，当以铁鳞作为主要脱硅剂的脱硅处理时，原来用于非脱硅出铁沟的 Al_2O_3(SiO_2)－SiC－C 不定形耐火材料已经难以适应这种苛刻的操作条件。因为作为以提高耐蚀性为目的基本组分 SiC 和 C 受到了 FeO 的强烈侵蚀，导致内衬结构受到破坏，使用寿命严重下降。原因是 FeO 引起 SiC 和 C 氧化反应。FeO 同 SiC 可按下述方程式反应：

$$FeO(s,l) + SiC(s) = Fe(s,l) + SiO(g) + C(s) \quad (7-21)$$

$$3FeO(s,l) + SiC(s) = 3Fe(s,l) + SiO_2(s) + CO(g) \quad (7-22)$$

$$4FeO(s,l) + SiC(s) = 4Fe(s,l) + SiO_2(s) + CO_2(g) \quad (7-23)$$

$$FeO(s,l) + C(s) = Fe(s,l) + CO(g) \quad (7-24)$$

结果产生了 CO(g) 和 CO_2(g) 等气体。通过对 FeO 和 SiC 反应若干热力学计算（图 7-16）得出，从常温到高温都显示出负的标准自由能变化，从热力学角度考虑认为这些反应是完全可以发生的。但实际上，在 FeO 和 SiC 反应中，主要发生反应式（7-22），而反应式（7-21）沉积的 C 则会按反应式（7-24）很容易地同 FeO 反应生成 CO(g)。图 7-17 示出了 FeO-SiC 反应的图解。

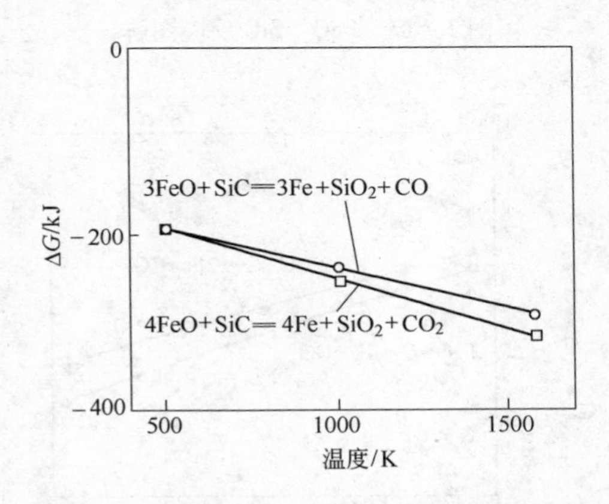

图 7-16　FeO 和 SiC 反应中标准自由能的变化

另外，沟衬材料中的 C 亦会按反应式（7-24）生成 CO（g）或者按下述方程式反应：

$$2FeO(s,l) + C(s) = 2Fe(s,l) + CO_2(g) \quad (7-25)$$

生成 CO_2(g)。从热力学角度来看，这些反应也是完全可以发生的（图 7-18），从而引起 C 消失，使沟衬材料受到严重破坏。

实际研究结果表明，FeO-SiC 反应发生于 1000~1200℃ 和高于

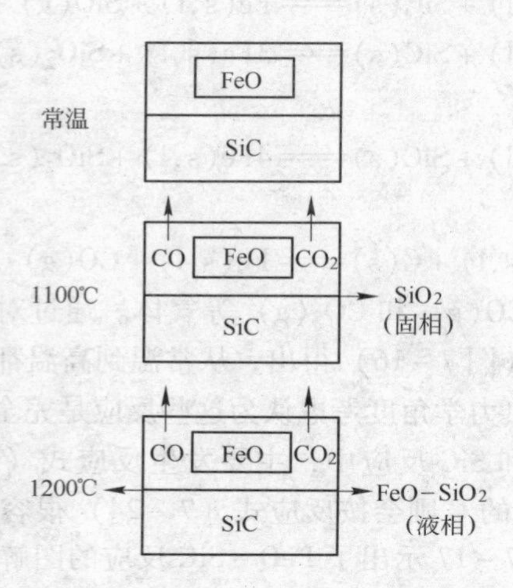

图 7-17 FeO-SiC 反应图解

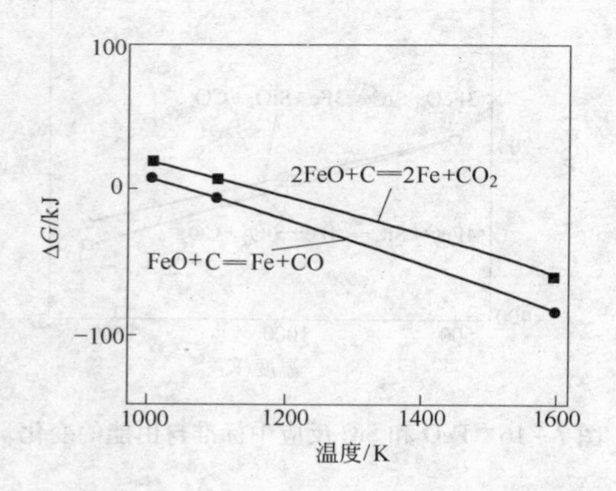

图 7-18 FeO 和 C 反应中标准自由能的变化

1200℃两个阶段。前一阶段为生成 SiO_2 保护膜的氧化反应，而在后一阶段由于产生 FeO-SiO_2 系液相（图 7-19）的流失，导致 SiO_2 保护膜消失，而使反应急剧进行下去。

对于在渣沟使用的 Al_2O_3-SiC-C 耐火浇注料来说，由于 SiC 和 C 受到了保护，因而 FeO 同 SiC/C 的氧化反应性状与上述所讨论的情

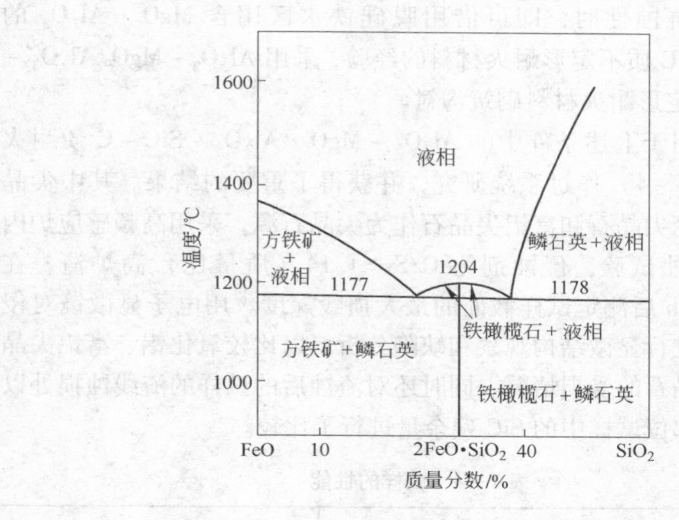

图 7-19 FeO - SiO_2 系统相图

况不同，发现耐火浇注料的成型体均从 1400℃才开始急剧反应，使基体受到破坏。其原因可能是在气相氧化时生成的 SiO_2 与基质反应形成坚固的保护膜。而 FeO 引起的氧化却是 FeO 自身作为液体边扩散边与 SiO_2 和基质反应，进而生成低黏度、低熔点的液相（图 7-19）使保护膜变薄。

为了适应铁水区（尤其在脱硅处理）使用的条件，在尽可能降低 Al_2O_3 - SiC - C 耐火浇注料中的 SiC 含量的情况下，增加抗 FeO 侵蚀性强的 Al_2O_3 或者配入 MgO（就地生成 MgO · Al_2O_3）/MgO · Al_2O_3（预合成 MgO · Al_2O_3）的铁沟料，即可提高使用寿命。

7.2.2 Al_2O_3 - MA - SiC - C 质不定形耐火材料

为了延长高炉出铁沟内衬的使用寿命，非脱硅出铁沟渣区和脱硅铁水区除了采用不同材质进行分区域施工之外，出铁沟渣区材质倾于增加具有良好耐蚀性能的 SiC 的 Al_2O_3 - SiC - C 质不定形耐火材料，而为了取得高抗渣性和高抗铁水侵蚀性的平衡，高炉出铁沟的铁水区内衬则采用含 15% SiC 的 Al_2O_3 - SiC - C 质不定形耐火材料。当要求进一步提高抗蚀性时，即可借用脱硅铁水区用含 $MgO \cdot Al_2O_3$ 的 Al_2O_3 – SiC – C 质不定形耐火材料的经验，采用 Al_2O_3 – $MgO \cdot Al_2O_3$ – SiC – C 质不定形耐火材料砌筑沟衬。

曾经对用于上述条件中的 Al_2O_3 – $MgO \cdot Al_2O_3$ – SiC – C 质耐火浇注料（表 7 –4）作过系统研究，并获得了重要的结果。其中尖晶石分别以理论尖晶石和富铝尖晶石作为尖晶石源，采用高频感应炉内衬法进行侵蚀试验，侵蚀剂为 C/S = 1.14（质量比）高炉渣，在 1550℃侵蚀 5h 后测定试样截面的最大损毁深度。用电子显微镜对侵蚀试验试样进行显微结构观察和缺陷分析，以比较氧化铝、富铝尖晶石和理论尖晶石的受损情况。同时还对渣蚀后的试样的渣线蚀损处以下接触铁水部位试样中的 SiC 残余量进行了比较。

表 7 –4 试样的性能

类 别	无尖晶石	含富铝尖晶石						含理论尖晶石					
	A	B_1	B_2	B_3	B_4	B_5	B_6	C_1	C_2	C_3	C_4	C_5	C_6
Al_2O_3 含量/%	83.8	82.8	81.7	80.7	79.6	78.5	77.5	81.6	79.5	77.4	75.3	73.3	71.3
SiO_2 含量/%	3.6	3.7	3.8	4.0	4.1	4.2	4.3	3.6	3.6	3.6	3.6	3.6	3.6
SiC 含量/%	7.6	7.6	7.6	7.6	7.6	7.6	7.6	7.6	7.6	7.6	7.6	7.6	7.6
MgO 含量/%		0.8	1.6	2.4	3.2	4.0	4.8	2.6	5.2	7.8	10.4	13.0	15.6
体积密度 /$g \cdot cm^{-3}$	3.25	3.22	3.19	3.17	3.133	3.12	3.11	3.16	3.12	3.10	3.08	3.04	3.02
显气孔率/%	12.8	13.1	13.8	13.7	14.1	14.1	14.3	13.1	13.3	13.7	13.8	13.9	13.9
尖晶石含量（质量分数）/%		10	20	30	40	50	60	10	20	30	40	50	60

注：试样的体积密度和显气孔率为 110℃，24h 后的测定值。

试验研究结果表明，无论是理论尖晶石还是富铝尖晶石，侵蚀率都随其含量的增加而减少，如图 7 –20 所示。

在 MgO 含量相同时，富铝尖晶石比理论尖晶石的侵蚀率低，如图 7 –21 所示。

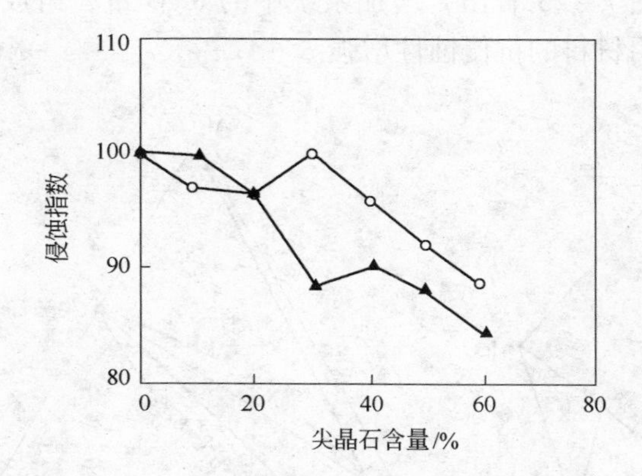

图 7 - 20 侵蚀指数随尖晶石颗粒含量不同的变化

○—富铝尖晶石；▲—理论组成尖晶石

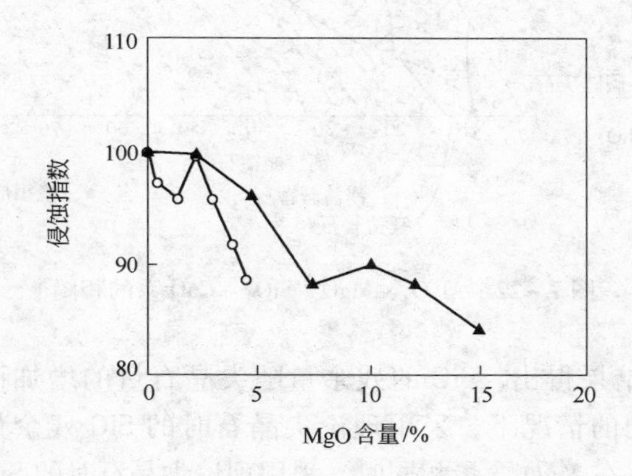

图 7 - 21 侵蚀指数随 MgO 含量不同的变化

○—富铝尖晶石；▲—理论组成尖晶石

根据 Al_2O_3 - MgO - SiO_2 - CaO 四元系相图，在 C/S = 53/47 的点 - Al_2O_3 - MgO 组成的三角形中，C/S = 1.14 高炉渣组成为 30% 和骨料组成为 70% 处，1500℃ 液固相平衡状态下，当骨料为尖晶石时的液相量（质量分数）等于 87%；而骨料为 Al_2O_3 时的液相量等于 94%，如图 7 - 22 所示。可见，使用尖晶石时的液相量少，表明材料侵蚀小。由图 7 - 23 看出，增加系统中的 MgO 量，组成向尖晶石一侧移动，说明材料的抗侵蚀性增强。

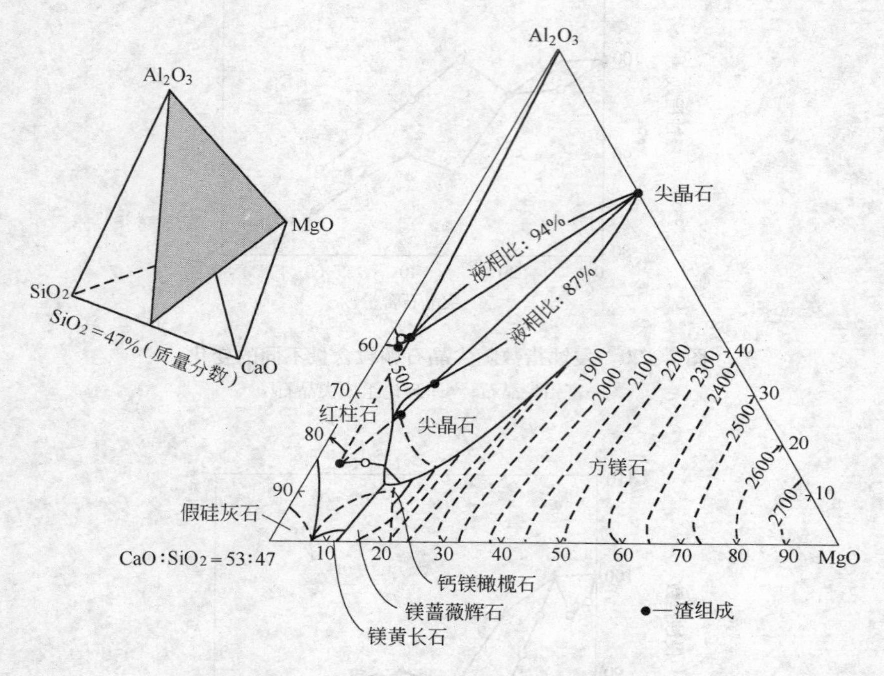

图 7 - 22 Al_2O_3 - MgO - SiO_2 - CaO 系的相图

由观察结果得出，SiC 的残余量随尖晶石量的增加而减少，在 SiC 含量相同的情况下，采用理论尖晶石时的 SiC 残余量少，如图 7 - 24 所示；在 MgO 含量相同时，采用理论尖晶石时的 SiC 残余量比采用富铝尖晶石时的 SiC 残余量少，如图 7 - 25 所示。这说明采用富铝尖晶石时 SiC 的氧化少。对试验后试样中不同位置的分析表明，所测位置都有渣渗透，并查明附着的渣大多为 Al_2O_3，试样 B 与 C 附着渣中的 Al_2O_3 量比试样 A 少，SiO_2 量多。

由此可以得出如下结论：

（1）随着 MgO · Al_2O_3 使用量的增加，材料耐蚀性能提高。因为 MgO · Al_2O_3 使用量增加，材料与熔渣反应时生成的液相量减少了。

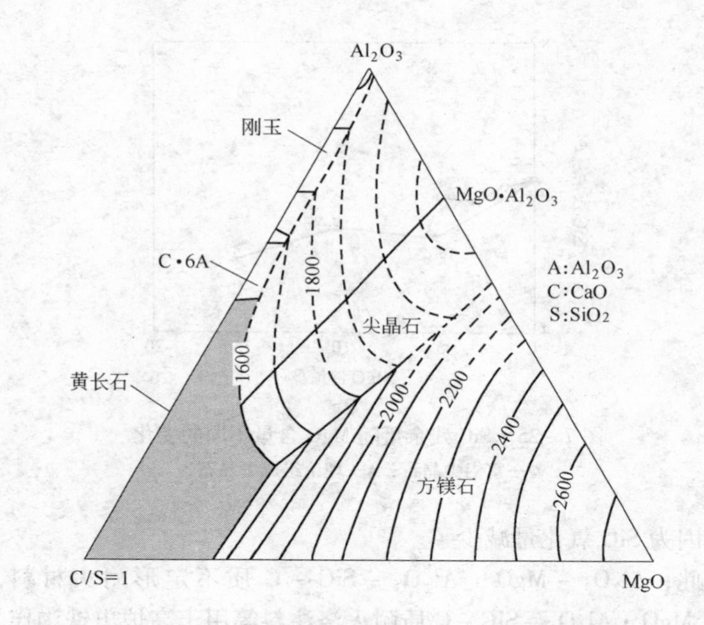

图 7 - 23 Al_2O_3 - MgO - CaO/SiO_2 系相图（灰色在 1600℃时全液区）

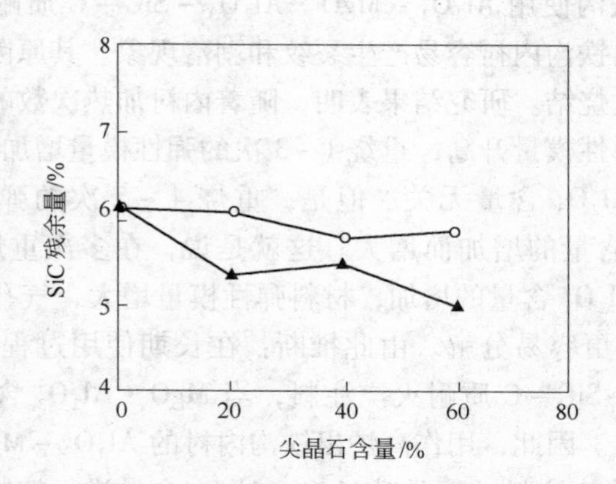

图 7 - 24 SiC 残余量随尖晶石颗粒含量不同的变化

○—富铝尖晶石；▲—理论组成尖晶石

（2）如果 MgO 含量相同，那么富铝尖晶石的耐蚀性比理论尖晶

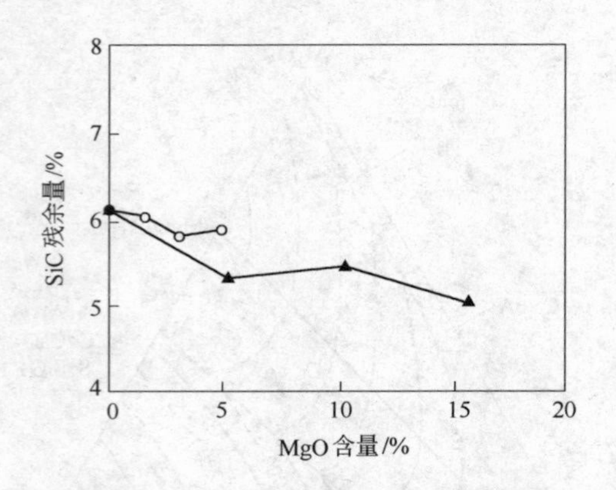

图 7-25 SiC 残余量随 MgO 含量不同的变化
○—富铝尖晶石；▲—理论组成尖晶石

石高，因为 SiC 氧化量减少了。

因此，Al_2O_3 - MgO · Al_2O_3 - SiC - C 质不定形耐火材料，如 Al_2O_3 - MgO · Al_2O_3 - SiC - C 质耐火浇注料等用于高炉出铁沟作为内衬材料时可以进一步提高使用寿命。

高炉出铁沟使用 Al_2O_3 - MgO · Al_2O_3 - SiC - C 质耐火浇注料存在的问题是出铁沟内衬容易产生裂纹和剥落现象。其原因被认为是该内衬材料的过烧结。研究结果表明，随着内衬加热次数的增加，其气孔率降低，弹性模量升高，重烧 1 ~ 3 次的弹性模量增加率几乎相同，并与 MgO · Al_2O_3 含量无关。但是，重烧 4 ~ 5 次的弹性模量就随 MgO · Al_2O_3 含量的增加而增大。这就是说，在多次重烧的情况下，随着 MgO · Al_2O_3 含量的增加，材料弹性模量增大，气孔率下降，而且 SiC 也变得更容易分解。由此推断：在长期使用过程中，Al_2O_3 - MgO · Al_2O_3 - SiC - C 质耐火浇注料，当 MgO · Al_2O_3 含量较高时就容易产生裂纹。因此，用作高炉出铁沟内衬的 Al_2O_3 - MgO · Al_2O_3 - SiC - C 质耐火浇注料，需要对 MgO · Al_2O_3 含量进行控制。

由图 7-23 等温线走向可知，对于 C/S = 1.0 的熔渣来说，MgO · Al_2O_3 比 Al_2O_3 具有更高的抗侵蚀能力。表明 MgO · Al_2O_3 用于高炉出铁沟内衬材料的合理性。该图同时表明，如果仅从抗渣性来看，

$MgO \cdot Al_2O_3$ 耐火材料比 $Al_2O_3 - MgO \cdot Al_2O_3$ 耐火材料具有更高的抗蚀性。

7.2.3 Al_2O_3 - MgO - SiC - C 质不定形耐火材料

对于 $Al_2O_3 - MgO \cdot Al_2O_3$ - SiC - C 质不定形耐火材料特别是耐火浇注料在非常苛刻的条件下使用时容易产生裂纹的问题，采用通常使用的蜡石消除裂纹的办法虽然可以得到解决，但却难以避免蚀损增大的问题。为此，可将材料中 $MgO \cdot Al_2O_3$ 换成 MgO（ < 1mm）以抑制裂纹的产生和扩展，如图 7 - 26 所示（受控的回转侵蚀和剥落试验结果）。未加 MgO 试样经抗剥落试验后，其横截面的裂纹方向与热表面垂直，裂纹长度约为 30mm；加入 MgO 试样经抗剥落试验后，垂直热表面方向形成的裂纹有减少的趋势（图 7 - 26）。

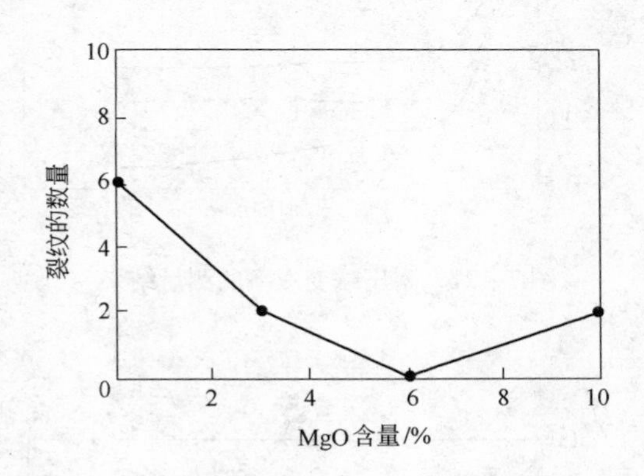

图 7 - 26　MgO 含量对形成裂纹的影响

当 MgO 加入量（质量分数）为 6% 时，垂直热表面方向形成的裂纹几乎难以观察到，而当 MgO 加入量增加到 10% 时，裂纹再次出现，尽管此时的裂纹长度值小于未加 MgO 试样的裂纹长度。根据这些结果不难得出：在加热 - 冷却不断重复过程中，MgO 对抑制裂纹形成是有效的，而且以 MgO 加入量为 6% 时最佳。

由于在材料中形成了低熔点的物质（$Al_2O_3 - SiO_2$ - MgO - CaO 相），适量 MgO 可抑制材料裂纹的产生和扩展。这种物质的形成具有两个特征：其一是在相当高的温度即 1300℃时才形成；其二是这种 Al_2O_3 - SiO_2 - MgO - CaO 相的形成仅局限在 MgO 粒子周围。

研究结果表明，当 CaO 含量（质量分数）低于 1% 时就能控制这种 Al_2O_3 - SiO_2 - MgO - CaO 相在 MgO 粒子周围的形成，因为参与形成该低熔点物质的含量较少。这就是说，Al_2O_3 - MgO - SiC - C 质耐火浇注料中低熔点物质的形成受 MgO 和 CaO 含量的限制，这与图 7 - 27 和图 7 - 28 示明的蠕变率经过一定时间后保持恒定极其吻合。

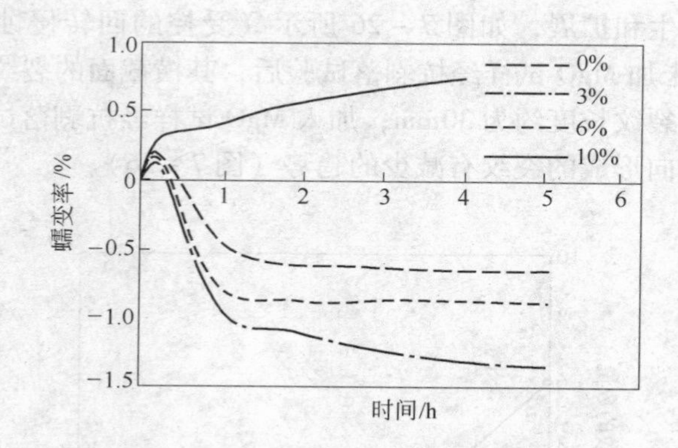

图 7 - 27　耐压蠕变速率的测量结果

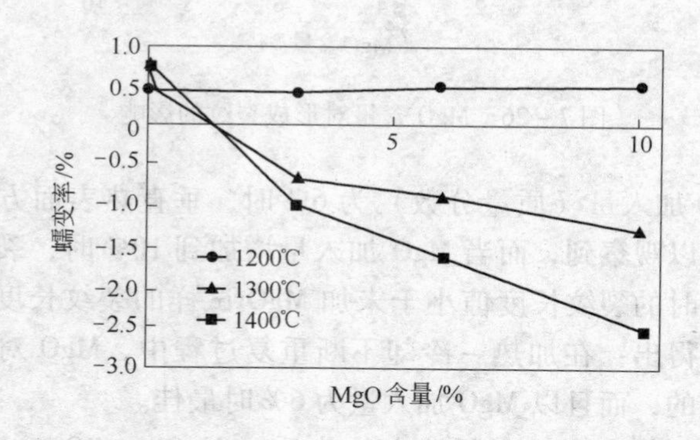

图 7 - 28　MgO 含量与蠕变速率的关系

由于低熔点物质能在相对较高的温度下，在适当范围内形成这一特征，因而认为有许多现象，如弹性模量减少（图 7 - 29），适当量的蠕变发生（图 7 - 27 和图 7 - 28），不受温度的影响。可以推测，由于这些性能的变化，而导致材料的热应力降低，裂纹的产生和扩展便受到了抑制。

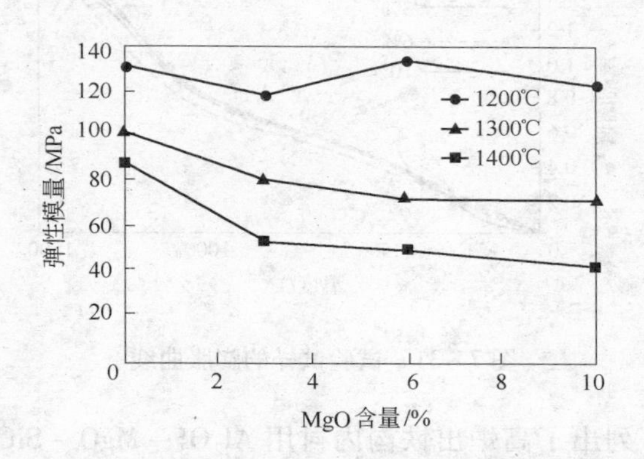

图 7 - 29　MgO 含量、温度和弹性模量间的关系

然而，Al_2O_3 - MgO - SiC - C 质耐火浇注料不利之处是随着 MgO 的加入，蚀损量有加大的趋势，如图 7 - 30 所示。

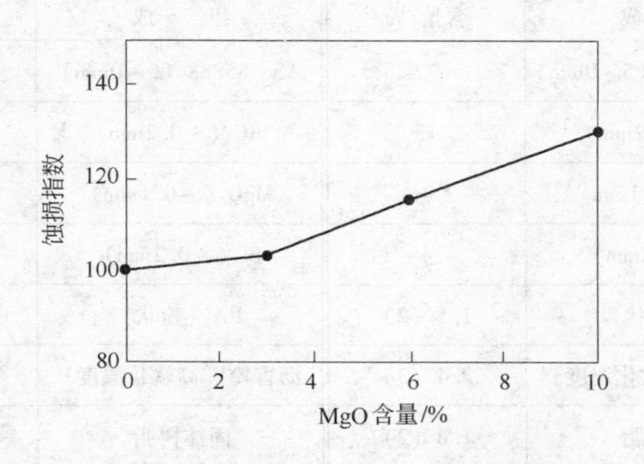

图 7 - 30　MgO 含量与蚀损指数间的关系

图 7 - 30 表明，当 MgO 加入量超过 6% 时，蚀损量大大增加。这

说明，对于抗侵蚀性来说，蚀损量随着 MgO 含量的增加而增大。结合图 7 - 31，即可认为 Al_2O_3 - MgO - SiC - C 质耐火浇注料中 MgO 加入量为 6% 时便能获得较好的使用性能。

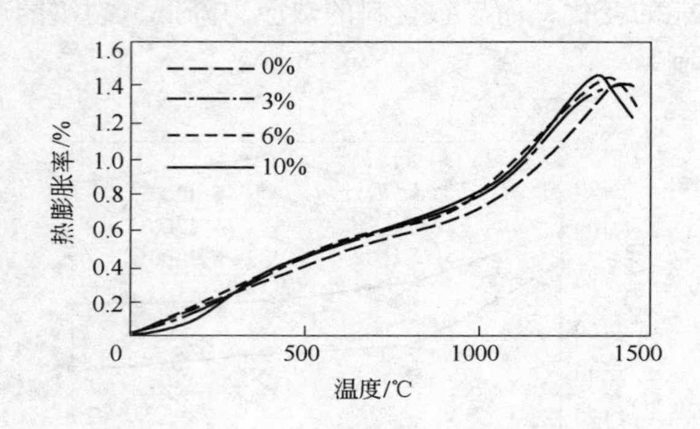

图 7 - 31 试验试样的膨胀曲线

表 7 - 5 列出了高炉出铁沟内衬用 Al_2O_3 - MgO - SiC - C 质耐火振动成型料的重要配方例子，可供我们在设计 Al_2O_3 - MgO - SiC - C 质耐火振动成型料时的参考。

表 7 - 5 含 MgO 的出铁沟用振动成型的典型配方

组　成	含量/%	组　成	含量/%
ADS99/98/96（5 ~ 0mm）	72	AS - 85/88（5 ~ 0mm）	72
SiC（ - 0.2mm）	13	SiC（ - 0.2mm）	13
MgO（ - 0.1mm）	4	MgO（ - 0.1mm）	4
Si（ - 0.2mm）	4	Si（ - 0.2mm）	4
BA（粉状）	1.5（2）	BA（粉状）	1.5（2）
沥青粉（高软化温度）	2.4（3）	沥青粉（高软化温度）	2.4（3）
固体树脂	1.6（2）	固体树脂	1.6（2）
固体水玻璃	1.6（2）	固体水玻璃	1.6（2）
CMC	0.5	CMC	0.5

7.2.4 Al_2O_3 -（MgO/MA）- SiC - C 材料中 SiC 的氧化行为

在 Al_2O_3 - SiC - C 耐火材料中，$MgO \cdot Al_2O_3$ 存在会导致其组分含量在热过程中发生变化。实验的测定结果证实：当系统中存在大量 CO(g) 时，在1100℃即会导致下述反应发生：

$$CaO(s,l) + 2SiO_2(s) + Al_2O_3(s) = CaOAl_2Si_2O_8(s,l)\text{（钙长石）} \tag{7-26}$$

$$SiC(s) + 2CO(g) = SiO_2(l) + 3C(s) \tag{7-27}$$

在钙长石形成以后，若材料中还有剩余的 SiO_2，即同 $MgO \cdot Al_2O_3$ 以及 Al_2O_3 反应：

$$4(MgO \cdot Al_2O_3) + 2SiO_2(s) + Al_2O_3(s) = 4MgO \cdot 5Al_2O_3 \cdot 2SiO_2 \tag{7-28}$$

生成假蓝宝石。同时，Al_2O_3 溶入 $MgO \cdot Al_2O_3$ 中形成固溶体（复合尖晶石），导致尖晶石的化学成分改变。在1100~1300℃时，取代了 $MgO \cdot Al_2O_3(ss)$ - 莫来石 - 假蓝宝石兼容三角形的平衡，并在1400℃时形成莫来石：

$$4MgO \cdot 5Al_2O_3.2SiO_2 + 2Al_2O_3 = 4(MgO \cdot Al_2O_3) + 3Al_2O_3 \cdot 2SiO_2 \tag{7-29}$$

在1500℃的还原气氛中，下述反应也将发生：

$$MgO \cdot Al_2O_3(s) = Mg(g) + 1/2O_2(g) + Al_2O_3(s) \tag{7-30}$$

或

$$MgO(s) + C(s) = Mg(g) + CO(g) \tag{7-31}$$

以及发生莫来石和碳之间的反应：

$$3Al_2O_3 \cdot 2SiO_2(ss) + 6C(s) = 3Al_2O_3(s) + 2SiC(s) + 4CO(g) \tag{7-32}$$

当温度提高到1600℃时，尖晶石相部分溶解而导致液相量增加。但材料中的 SiC 和 C 的数量却无实际的变化（在1500~1600℃）。其中，SiC 含量取决于被 CO 氧化的情况。

由此看来，在还原气氛下，Al_2O_3 － MgO · Al_2O_3/MgO － SiC － C 耐火材料在1500℃加热会发生一些转变，也就是SiC、SiO_2 和C的数量会改变。在高温（约1300℃）则形成了假蓝宝石，在1300～1500℃，只有一小部分莫来石形成，在高于1500℃时，包括液相中 SiO_2 与固相C的反应增大了SiC的生成量。另外，MgO · Al_2O_3 的存在也有助于形成较多量的液相，这会影响材料的性能（尤其是抗蚀性能）。

参考文献

[1] 钱承欣．天然及人工合成耐火原料的开发与应用．石墨与耐火材料［C］．洛阳：冶金工业部洛阳耐火材料研究院，1992，35～65.
[2] 大谷杉郎，杨俊英泽，等．炭化工学基础［C］，沈阳：中国科学院沈阳金属研究所，1985.
[3] 张文杰，李楠．碳复合耐火材料［M］．北京：科学出版社，1990，68～83.
[4] 林彬荫，吴清顺．耐火矿物原料［M］．北京：冶金工业出版社，1989，299～320.
[5] 孙荣海，刘百宽．碳质耐火材料［J］．国外耐火材料，2005（6），5～19.
[6] 李圣华．炭和石墨制品［M］．北京：冶金工业出版社，1983.
[7] 郭清勋．高炉用优质微孔炭砖［J］．国外耐火材料，1996（7）：23～27.
[8] 曼德尔．碳和石墨手册［M］．翻译小组，译．兰州：兰州炭素厂研究所，1978.
[9] 洪艳萍．高炉炉衬新材料［J］．国外耐火材料，1995（6）：5～13.
[10] 新民．化铁炉内衬用含碳捣打料［J］．国外耐火材料，1998（1）：43～44.
[11] 浅野敬辅，等．铁浴式熔融还原炉用耐火材料的实验室研究［J］．国外耐火材料，1992（3）：58～62.
[12] 中尾淳，等．铁浴式熔融还原炉用 Al_2O_3－C 砖的耐蚀性［J］．国外耐火材料，1992（3）：62～66.
[13] 张利华．混铁车用 ASC 砖在应力下的变形［J］．国外耐火材料，1995（5）：23～26.
[14] 卢一国．FeO 对 SiC 原料及其不定形耐火材料的高温氧化作用［J］．国外耐火材料，1995（5）：18～22.
[15] 吴学真，张晔，郭立中，等．铁水预处理用 Al_2O_3－SiC－C 砖的使用及其损毁机理［J］．耐火材料，1997（2）：82～84.
[16] 梁训裕．碳化硅材料在冶金热处理环境中的侵蚀［J］．国外耐火材料，1993（8）：2～8.
[17] 鲍克成，张银亮．Si－SiC 复合材料的高温氧化行为［J］．国外耐火材料，1999（12）：45～50.
[18] 桂明玺．碳化硅耐火材料的特点和用途［J］．国外耐火材料，1999（8）：42～47.

[19] 张海军，李文超，等. O' – Sialon – ZrO_2 – SiC 复合材料的抗氧化性能研究 [J]. 耐火材料，2000 (2)：82 ~ 85.
[20] 隋万美，杜玲玲. SiC 复相耐火材料的显微结构特征 [J]. 耐火材料，2003 (1)：45 ~ 47.
[21] 陈志强，何霞，等. 高炉出铁沟用 Al_2O_3 – SiC – C 浇注料流动性衰减的研究 [J]. 耐火材料，2003 (3)：125 ~ 127.
[22] 任敬文. 碳化硅的连续生产 [J]. 国外耐火材料，2001 (1)：62 ~ 63.
[23] 张材，孟宪省，等. 氮化硅结合碳化硅材料的生产与应用 [J]. 耐火材料，1999 (3)：156 ~ 157.
[24] 李柳生，陈冬梅，等. 氧氮化硅结合碳化硅窑具材料研究 [J]. 耐火材料，1999 (3)：123 ~ 126.
[25] 张勇，彭达岩，等. 氮硅铁结合碳化硅材料的氧化行为 [J]. 耐火材料，2005 (2)：94 ~ 97.
[26] 吴宏鹏，任颖丽，等. 空气气氛中烧成 Si_3N_4 – SiC 复合材料的性能、相组成和显微结构 [J]. 耐火材料，2005 (4)：249 ~ 252.
[27] 新民. 碳化硅质结构陶瓷材料的制造、性能和使用范围 [J]. 国外耐火材料，2005 (4)：20 ~ 22.
[28] 王晓利. Si_3N_4 结合 SiC 复合材料的抗高温腐蚀性 [J]. 耐火与石灰，2009 (1)：47 ~ 51.
[29] 王玉霞. 莫来石 – 锆英石 – 碳化硅复合物的研究 [J]. 耐火与石灰，2009 (1)：52 ~ 55.
[30] 吴占德. 氧化铝/碳化硅复合材料 [J]. 耐火与石灰，2010 (4)：26 ~ 27.
[31] 赵瑞. 添加剂对硅酸铝 – SiC – C 不定形耐火材料中纳米 SiC 晶须形成的影响 [J]. 耐火与石灰，2011 (4)：34 ~ 37.
[32] 王诚训，侯谨，张义先. 复合不定形耐火材料 [M]. 北京：冶金工业出版社，2005：1 ~ 107.
[33] 李晓明，吴清顺，等. 特种不定形耐火材料及不烧耐火砖 [M]. 北京：冶金工业出版社，1992：123 ~ 213.
[34] 侯谨，张义先，等. 新型耐火材料 [M]. 北京：冶金工业出版社，2007，119 ~ 141.
[35] 秦岩，童则明，等. Al_2O_3 – SiC – C 质湿式喷射浇注料的研究与应用 [J]. 耐火材料，2012 (2)：118 ~ 122.
[36] 徐彩霞. 使用 Al_2O_3 – SiC – C 砖降低铁水运输过程中耐火材料成本 [J].

耐火与石灰，2012（2）：24～26.

[37] 邵荣丹．Al_2O_3－$MgAl_2O_4$－SiC－C质耐火浇注料中SiC氧化行为的热力学测定［J］．耐火与石灰，2012（3）：29～34.

[38] 孙金环，等．铁水预处理用耐火材料文集［C］．洛阳：洛阳耐火材料研究所，1986.

[39] 陈肇友．ZrB_2质与TiB_2质耐火材料［J］．耐火材料，2000（4）：224～229.

[40] 刘景林．SiC－TiB系复合材料［J］．国外耐火材料，1998（5）：47～48.

[41] 奥宫正太即，等．ZrB_2がウZrB_2へ［J］．化学工业，1986（9）：47.

[42] 蒋明学，等．陈肇友耐火材料论文选［M］．北京：冶金工业出版社，1998，533～541.

[43] 王诚训，王珏．耐火材料技术与应用［M］．北京：冶金工业出版社，2000，7～9.

[44] 王诚训．MgO－C质耐火材料［M］．北京：冶金工业出版社，1995.

[45] 王诚训，侯谨，等．复合不定形耐火材料［M］．北京：冶金工业出版社，2005.

[46] 刘凤霞．Proceedings of the International Symposium on Refractories［J］．国外耐火材料，1997（8）：41～44.

[47] 陈树江，田凤仁，等．相图分析及应用［M］．北京：冶金工业出版社，2007.

冶金工业出版社部分图书推荐

书　名	定价（元）
镁钙系耐火材料	39.00
材料科学基础教程	33.00
相图分析及应用	20.00
耐火材料的损毁及其抑制技术	25.00
耐火材料学	65.00
特殊炉窑用耐火材料	22.00
炉窑环形砌砖设计计算手册	118.00
材料电子显微分析	19.00
高炉砌筑技术手册	66.00
陈肇友耐火材料论文选（增订版）	80.00
耐火材料与洁净钢生产技术	68.00
镁质和镁基复相耐火材料	28.00
耐火材料成型技术	29.00
耐火材料基础知识	28.00
薄膜材料制备原理、技术及应用（第2版）	28.00
耐火材料（第2版）	35.00
新型耐火材料	20.00
炉外精炼用耐火材料（第2版）	20.00
刚玉耐火材料（第2版）	59.00
耐火材料手册	188.00
耐火材料与钢铁的反应及对钢质量的影响	22.00
复合不定形耐火材料	15.00
化学热力学与耐火材料	66.00
耐火材料工艺学（第2版）	28.00
耐火材料厂工艺设计概论	35.00
钢铁工业用节能降耗耐火材料	15.00